国家自然科学基金项目(41173059)资助

桂西南碳硅泥岩型铀矿成矿规律及找矿方向

徐争启　程发贵　梁　军
　　　　　　　　　　　　　著
唐纯勇　宋　昊　张成江

科学出版社

北　京

内 容 提 要

本书在阐述广西西南部区域地质背景基础上，结合岩石学、矿物学、沉积学、构造地质学、地球化学、年代学等方法，系统、深入地研究了典型碳硅泥岩型铀矿的成矿规律，揭示研究区碳硅泥岩型铀矿的成矿机理，建立成矿模型，划分成矿远景区，为该区碳硅泥岩型铀矿的研究及找矿提供科学依据。

本书可以供铀矿地质找矿人员参考，也可供铀矿地质专业学生学习参考。

图书在版编目(CIP)数据

桂西南碳硅泥岩型铀矿成矿规律及找矿方向 / 徐争启等著. —北京：科学出版社，2015.9
ISBN 978-7-03-045689-2

Ⅰ.①桂… Ⅱ.①徐… Ⅲ.①铀矿-成矿规律-研究-广西②铀矿-找矿方向-研究-广西 Ⅳ.①P619.14

中国版本图书馆 CIP 数据核字（2015）第 218617 号

责任编辑：罗 莉 / 责任校对：王 翔
封面设计：墨创文化 / 责任印制：余少力

科学出版社 出版

北京东黄城根北街16号
邮政编码：100717
http://www.sciencep.com

四川煤田地质制图印刷厂印刷
科学出版社发行 各地新华书店经销

*

2015 年 9 月第 一 版 开本：787×1092 1/16
2015 年 9 月第一次印刷 印张：12
字数：279 千字
定价：69.00 元

国家自然科学基金项目（41173059）
中央与地方共建地质学重点学科项目
广西地质矿产勘查开发局部门前期工作项目
成都理工大学青年科技骨干计划

联合资助

桂西南碳硅泥岩型铀矿成矿规律及找矿方向

徐争启　程发贵　梁　军
唐纯勇　宋　昊　张成江　　著

科学出版社
北　京

前　　言

　　桂西南地区位于华南板块南华活动带右江褶皱系、西大明山凸起与灵马凹陷接合部,是我国重要的碳硅泥岩型铀矿分布区之一。长期以来,地质工作者对桂西南地区基础地质做过较多的调查和研究,对包括锰矿在内的多个金属矿产进行过勘查研究,但对于铀矿的研究还处于分散状态;主要对以大新矿床为代表的典型碳硅泥岩型铀矿床进行了普查与勘探,对少数矿点进行了普查,科学研究工作相对薄弱,更没有对该区碳硅泥岩型铀矿进行过系统研究,缺乏系统性成果总结。本书是在国家自然科学基金项目"广西大新铀矿成矿物质来源研究"(41173059)、中央与地方共建地质学重点学科项目及广西地质矿产勘查开发局部门前期项目"广西大新地区铀矿成矿规律及找矿方向"的联合资助下完成的。本书还得到成都理工大学"青年科技骨干"计划(KYGG201209)支持。

　　本书以桂西南地区碳硅泥岩型铀矿为研究目标,以大新铀矿床为重点研究对象,兼顾外围已知铀矿(化)点,在深入分析前人在该区所做的铀矿地质、基础地质调查及研究等资料的基础上,通过野外地质调查,采取适当样品进行分析研究,运用现代成矿理论及新思路,深入研究大新地区铀成矿物质来源、流体来源,铀成矿作用及控矿因素,总结成矿规律,进行成矿预测,明确铀矿找矿方向,为生产单位在该区开展铀矿找矿提供理论依据和靶区。

　　本书由课题组成员分工合作完成。徐争启负责统筹思路及提纲,并撰写前言、第1章、第4章、第7章;徐争启、宋昊、张成江撰写第5章;程发贵、梁军、唐纯勇撰写第2章;徐争启、程发贵、唐纯勇撰写第3章和第6章。全书由徐争启统稿。硕士研究生张翔、王朋冲、孙娇、方永坤以及张国栋、郭景腾、陈芳等参加了部分研究及资料整理工作。本专著撰写过程中得到了成都理工大学倪师军教授、广西地质矿产勘查开发局战明国副局长、韦联贵处长、罗寿文副处长、孙如良教授级高级工程师、陆齐璞处长的大力支持与帮助,得到了广西三〇五核地质大队颜秋连教授级高级工程师的悉心指导,在项目实施过程中得到了国家自然科学基金委、广西地质矿产勘查开发局核地质处,广西三〇五核地质大队,中国核工业地质局,成都理工大学科技处、人事处、地球科学学院有关领导的大力支持,成都理工大学许多研究生及本科生、广西三〇五核地质大队多位工程师参与项目研究工作。本书在撰写过程中引用了大量前人的研究资料,在此一并表示感谢。

　　由于著者水平有限,本书仍有许多不足之处,敬请各位读者批评指正。

著　者

2015. 3

目　　录

第1章 绪　　论

1.1　研究区概况

1.1.1　地理位置

本书涉及的研究区工作范围行政上隶属于广西大新县、天等县和靖西县管辖。主要研究区东起大新县城以东，西至靖西县城，北起天等县向都镇，南到大新县硕龙镇以南，西南与越南毗连，面积约 4100 km²。主要研究区为大新县大新矿床及普井屯矿点、巴江矿床和雷屯矿点。

1.1.2　研究区自然地理经济条件

研究区地处云贵高原东南缘中低山地区，海拔 600~1000 m，区内侵蚀岩溶峰丛洼地遍布。

研究区属温暖多雨的南亚热带季风气候，冬春微寒，夏季炎热，秋季凉爽，四季气温变化不明显。年平均温度 20.3 ℃，极端最高温度 39.8 ℃，最低气温−2.2 ℃。年平均降雨量 1387 mm，降水多集中在夏季和秋季，冬季和春季较少。境内主要河流有：从西北贯通全区的黑水河、发源于靖西流经中越边境的硕龙河，以及一些小河小溪和断头溪流。水资源量总体不缺，但局部岩溶峰丛地区地表干旱缺水。研究区所属三县居住着壮、汉、苗、瑶等 11 个民族，人口超过 120 万，其中壮族人口占 96.7%。居民主要多从事农业。农作物有水稻、玉米、大豆、甘蔗等。

主要研究区距南宁市约 140 km，区内各乡镇均已通公路，交通方便。

研究区西南与越南接壤，长一百余千米的国境线有龙邦、岳圩等多个国家口岸，边民互市点是大西南通往东南亚各国的重要陆路通道之一。

1.1.3　矿产资源概况

研究区矿产资源较为丰富，除铀矿外，还有锰、铅、锌、水晶、朱砂、铜、铁、金等 22 种。其中大新锰矿、天等锰矿资源量达 2 亿 t 以上，藏量大、品位高，居全国首位，有"中国锰都"之称。靖西铝土矿资源量达 6 亿 t 以上，是我国四大铝土矿基地之一。主要矿产品有精选锰矿石、锰粉、钛白粉等。

1.2　以往地质工作程度及存在的问题

1.2.1　碳硅泥岩型铀矿床研究概况

碳硅泥岩型铀矿床是中国铀矿地质工作者依据铀产出的赋矿围岩特征总结和建立起

来的一种铀矿类型。根据《中国铀矿找矿指南》(1997)中"碳硅泥岩型铀矿找矿指南"的定义,该类型铀矿床系指产于未变质或弱变质海相碳酸盐岩、硅质岩、泥岩及其过渡型岩类中的铀矿床,其中包括不同成因和形成于不同时代的铀矿床。

该类型铀矿床在中国分布较为广泛,与花岗岩型铀矿床、火山岩型铀矿床、砂岩型铀矿床一起被列为中国的四大类型铀矿。

1. 国外研究现状

在国外,类似的矿床一般被称为黑色页岩型铀矿床,包含的矿床类型范围比中国要小。在国际原子能机构的铀矿床分类中(周维勋等,2000),黑色页岩型铀矿专指海相含炭质页岩中的铀矿化,U 和 Mo、V、Cu 等金属元素为同生富集。国外此种类型的铀矿床主要产于瑞典、挪威、法国、非洲、阿根廷、美国、俄罗斯、哈萨克斯坦、乌兹别克斯坦等地。在国外,除黑色页岩型铀矿床外,还广泛发育有其他一些产于碳硅泥岩层中的重要铀矿床,主要是产于碳酸盐岩中的铀矿床,其中许多为大型矿床,而且具有重要的工业意义。

在国外,涉及该领域的研究工作在较长时期内侧重于对含铀黑色页岩、含铀磷块岩的沉积环境、岩石学、矿物学、元素组分及地球化学特征等方面的研究,侧重点为黑色岩系中 Ni-V-Mo-PGE 的研究工作(Vine et al.,1970;Huyck,1991;Carsten et al.,1996;Yuri et al.,2010),对于铀的研究则比较少(Lee et al.,2005)。同时,国外学者对中国南方黑色岩系(云南—贵州—湖南)的研究也颇为关注,与国外黑色岩系的研究类似,也关注黑色岩系中的 Ni-V-Mo-PGE 矿床,发表了大量的论文,在矿物学、地球化学和同位素等方面进行了深入研究(Coveney et al.,1992;Orberger,et al.,2005)。

2. 国内研究现状

我国对碳硅泥岩型铀矿床的研究工作始于 20 世纪 50 年代末,当时主要是对个别矿床的地质特征及成因进行研究。20 世纪 60 年代初,涂光炽院士首次提出南秦岭地区硅质岩、灰岩中的铀矿床为沉积再造型矿床;20 世纪 60 年代末至 70 年代初,原核工业中南地质勘查局和原北京铀矿地质研究所(现核工业北京地质研究院)的研究人员运用铀源层的概念,探讨了淋积成矿的规律性。

我国于 1976 年召开了专门的碳硅泥岩型铀矿床学术讨论会,初步总结了有关矿床和部分地区的铀成矿规律,探讨了碳硅泥岩中的改造作用,包括热液叠加改造成矿作用,提出碳硅泥岩型铀矿床是中国重要的工业铀矿类型之一。

20 世纪 70 年代末,研究工作者先后提出"铀源层"和"储铀层"的概念,随后又加强了碳硅泥岩型铀矿床的区域成矿规律的研究,初步查明了该类矿床在我国的时空分布规律,建立了"沉积型"、"淋积型"和"热液叠加改造成矿型"等碳硅泥岩型铀矿床成矿模式(张待时,1992,1994;赵凤民,2009)。20 世纪 80 年代初出版的《碳硅泥岩型铀矿床文集》(北京铀矿地质研究所,1982)和《雪峰山区碳硅泥岩型铀矿床论文集》,系统地总结了碳硅泥岩型铀矿床的分类、矿化特征、形成与分布规律和找矿地质判据。

20 世纪 80 年代后期至 21 世纪初,国家铀矿战略调整,碳硅泥岩型铀矿床的勘查和研究工作基本处于停滞状态。进入 21 世纪,随着国家对整个地质事业的关注和投入的增加,铀矿地质事业迎来新的发展机遇,碳硅泥岩型铀矿床的勘查进入新的阶段,科研工作也逐渐跟进。就碳硅泥岩型铀矿床的整体研究而言,我国处于国际领先地位。

通过几十年来的地质勘探和研究工作，我国对碳硅泥岩型铀矿的成矿地质条件和主要成矿规律进行了比较系统的研究和总结（张待时，1992，1993，1996；金景福等，1994；方适宜，1995；董永杰，1996；曾天柱，2002；黄净白等，2005；黄世杰，2006；陈友良，2008；李靖辉，2008；赵凤民，2009；张成江等，2010），形成了独具特色的碳硅泥岩型铀矿的成矿理论，主要认识如下所述。

（1）铀矿床的分布与古海陆关系密切，都产在古陆、古岛、古水下隆起边缘部位，特别是陆表海的边缘部位及其向海槽的过渡部位。

（2）在有关的构造单元中，矿床均分布在地台边缘及邻近该边缘的显生宙（加里东—印支）地槽褶皱区内，而且主要分布在隆起构造单元、隆起-拗陷过渡区及上覆有中新生代断陷-拗陷的地区。

（3）在剖面上，地台区的铀矿床均产在盖层构造层中，而显生宙地槽区的铀矿床在褶皱基底构造层及盖层构造层中均有产出。而且在不少情况下，铀矿床的产出常与上覆活化构造层在时空上有一定联系。

（4）碳硅泥岩中铀成矿的时空分布规律与各成矿区的地壳演化有密切的联系，滨太平洋构造域和特提斯—喜马拉雅构造域发生在中新生代的强烈活动对铀成矿区的活化改造及深刻影响，是有关地区铀成矿的最重要因素。

（5）碳硅泥岩型铀矿床矿石的物质成分与围岩相近似，元素组分与围岩仅有量的差别，充分表现出继承性的特点。但是在叠加有热水或热液成矿作用的矿床内，可出现其他组分。

（6）部分碳硅泥岩型铀矿床具有明显的热液矿床的特征，并有类似花岗岩型铀矿床的分带规律（张成江等，2010）。

上述有关碳硅泥岩型铀矿床的研究及取得的成果具有十分重要的意义，为该类铀矿床的深入研究打下了坚实的基础。当然，由于认识水平和技术条件的限制，对该类矿床的研究仍有许多不完善的地方，需要用新的思路、新的理论和新的方法进行进一步的研究。

另一方面，对碳硅泥岩型铀矿床的认识也经历了许多反复和曲折，随着研究程度的加深，认识也不断提高。下面以对若尔盖铀矿床的认识过程为例，说明国内碳硅泥岩型铀矿床的认识历程。

若尔盖地区作为中国著名的碳硅泥岩型铀矿床产区之一，自 20 世纪 60 年代发现以来，地质勘探和矿山开采部门进行了较详细的普查勘探工作，积累了丰富的实际地质资料。与此同时，几乎自矿床发现时起，不同单位或部门的地学家们相继从不同角度开展了大量的专题研究（王驹，1991；赵兵，1994；何明友等，1996；曾天柱，2002；陈友良，2008），取得了许多成果，为该区铀矿床成矿规律的研究奠定了良好的基础。综合前人从 20 世纪 60 年代以来的研究工作，对若尔盖铀矿床的成因观点主要有：①甘肃省地质矿产局提出的"表生氧化论或表生改造论"（甘肃省地质矿产局，1989）；②中国科学院地球化学研究所提出的"地下水淋滤论"（季洪芳等，1982）；③甘肃地矿局区域地质调查队提出的"变质分异论"；④中国科学院地球化学研究所提出的"构造挤压浸出论"；⑤自生自储累积成矿说（毛裕年等，1989）；⑥地层预富集—蚀变预富集—工业富集成矿三步论（王驹，1991）；⑦构造-岩浆活化成矿论（何明友，1992；金景福等，1994）。相应的，成矿物质来源分为以下几类：①来自于围岩(1993年以前)；②来自于构造岩浆流体(金景福等，1994)；③来自于深部流体(部分地幔来源)(陈友良，2008；张成江等，2010)。

当前深部流体与成矿作用的关系研究是成矿理论研究的前缘课题，深部流体对铀矿床的形成具有至关重要的作用。经研究，中国东南部地区的火山岩型和花岗岩型铀矿成矿与地幔流体的关系十分密切(胡瑞忠等，1993；李子颖等，1999，2006；赵军红等，2001；刘丛强等，2001；张彦春，2002；邓平等，2003；姜耀辉等，2004；巫建华等，2005；黄世杰，2006)。西南地区若尔盖碳硅泥岩型铀矿也有深部流体参与的证据(陈友良，2008；张成江等，2010)。近年来，利用矿床中热液矿物流体包裹体的微量元素、稀土元素地球化学示踪成矿流体来源与演化方面得到了广泛应用(Lottermöser，1992；Whitney et al.，1998；Monecke et al.，2000；黄智龙等，2004)。

可见，对碳硅泥岩型铀矿床的成因研究和成矿物质来源研究经历了由浅入深，由"单源"到"多源"的演化过程，这为其他地区碳硅泥岩型铀矿床的研究提供了借鉴。

1.2.2 大新地区铀矿地质勘查及研究概况

广西大新铀矿床自20世纪50年代初发现以来，至今已有50多年的勘探和研究历史。50多年来，地质勘探部门进行了较详细的普查勘探工作，积累了丰富的基础地质资料。到目前为止，不仅掌握了浅部地质情况，还加强了深部地质工作。更重要的是，该矿床是露天开采的矿床，经过数十年的开采，开采深度已经超过200 m，为科学研究创造了良好条件。

1. 大新地区铀矿地质勘查概况

广西大新地区铀矿找矿工作始于20世纪50年代晚期，主要由广西三〇五核地质大队(核工业中南地质局三〇五大队)进行铀矿勘查及研究工作，该区主要有大新矿床、巴江矿床、普井屯矿点、弄巷矿点、王屯矿化点；2008年以来，广西壮族自治区地质矿产勘查开发局又在大新地区的普井屯矿点布置铀矿勘查工作，在大新铀矿床外围进行普查。

(1)大新矿床1959年被发现，1967年提交储量报告。通过工作，本段控制范围为：东西长400 m，南北宽350~450 m，斜深400~450 m，垂深360 m。矿体的空间位置、产状、品位、厚度、矿化连续性，都已被基本查明，达到中型矿床规模。

(2)1960年，广西三〇五核地质大队在大新矿床外围进行伽马普查时发现了普井屯矿点，但未系统工作；1963年该队4小队在该区进行伽马普查工作；1964~1965年，3小队接替4小队在该区进行铀矿普查，进行了1∶25000~1∶10000铀矿地质填图、物探扫面和工程揭露，取得了一定的地质成果，在KD-6、KD-10及钻孔中均见到较好的铀矿化，圈出了铀矿体，估算了铀金属量。2008年在该区进行铀矿普查，完成钻探1500 m，探槽1500 m³，没有见到工业矿化，未取得突破性的进展。

(3)1966年，该队7小队在弄巷发现了三条伽马异常带以及若干异常点，随即进行揭露工作，见到不同程度的铀矿化，最终确认为一铀矿化点。

(4)1960~1961年，该队9小队在王屯完成1∶2500地形地质草测，伽马详测，氡浓度详测，浅井、探槽、小坑道等工程。1967年5月，一小队到此进行电测工作，主要进行激电剖面和电测深工作。1969年，广西三〇五核地质大队四号钻机到此进行钻探揭露工作，共完成钻孔 5 个；在施工的探槽中，有 13 条见到铀矿化，其中 TC-36 见到了品位 0.207％的工业矿。

2. 大新地区铀矿地质科研概况

20 世纪 60 年代，中南地勘局在大新地区进行了普查和勘探工作，提交了储量报告，对大新矿床的基础地质及矿床特征情况进行了系统总结，认为该矿床属于淋积型矿床。

20 世纪 80 年代初，北京铀矿地质研究所张待时等（1982）对大新矿床进行了初步研究，并与铲子坪矿床等碳硅泥岩型铀矿床进行了比较，认为大新矿床属于碳酸盐岩型具有热造特征的矿床，铀源是"就地取材"，从围岩中而来。

20 世纪末，南京大学提出了大新铀矿床是岩溶作用形成的观点（闵茂中等，1996，1997）。

2011 年，李治兴等研究认为，大新矿床具有构造控制的热液矿床特征（李治兴等，2011）。

2009 年以来，课题组成员先后在大新矿区进行过多次调查，取得了许多新的认识，发现有后期热液改造叠加作用。2011 年，在广西地质矿产勘查开发局核地质处的支持下，成都理工大学与广西三〇五核地质大队进行了"广西大新地区铀矿成矿规律及找矿方向研究"项目；同时，2011 年获得国家自然科学基金的支持，进行了"广西大新铀矿成矿物质来源研究"。项目执行期间，科研人员做了大量的工作，取得了新的认识。本书就是在上述项目的支持下完成的。

1.2.3　存在的主要问题

前人在该地区做了大量的研究、生产工作，提供了一些宝贵的基础资料，但由于当时的工作程度和认识水平，铀矿找矿工作还存在许多问题。综合前人研究成果，结合本区实际情况分析，本书必须要解决以下问题，这也是大新地区铀矿要取得找矿突破必须解决的关键问题。

（1）大新铀矿床成因如何？是层控矿床，还是热液矿床？前人的研究大多倾向于把周围地层视为铀源层，但不是所有的与寒武系接触的地段都有矿化。前人仅根据寒武系及泥盆系的铀含量较高得出，没有实际给出具有说服力的证据。即使寒武系、泥盆系提供了铀，但哪一个地层提供的铀更多一些？

事实上，大新铀矿床工业铀矿化与 F_2 断层密切相关，就产在 F_2 断层与 F_1 断层所夹持的部位，在夹持带中还有 F_3^1、F_3^2、F_3^3 三条顺层断层。同时，F_2 断层具有明显的多次活动的证据，这说明大新铀矿与构造活动密切相关。

上述地质事实显然不能反映矿床为地层控矿，同时层控观点也不能对其做出合理解释。

（2）大新铀矿床成矿流体来源有几种？有无深部流体参与？前人的研究大多认为成矿流体以大气降水成因为主，但却很难解释以下地质现象。

①成矿带或矿床的空间分布明显受构造-岩浆带的控制。在矿床附近有大量的辉绿岩脉存在，这些辉绿岩脉走向一致，为北西向，与研究区的另一组次要断裂一致。同时，石油部门在大新以西的桂西地区进行勘探时发现，桂西地区存在隐伏的花岗岩体，这些岩浆岩的存在与铀矿的形成有什么关系？

②成矿元素组合极其复杂，矿石中含有丰富的 Mo、V、Ni 等多种元素，同时含有较高的 Sn、As、Sb 等元素。

(3)大新地区碳硅泥岩型铀矿床控矿因素有哪些？该区及附近地区今后的找矿方向如何？大新铀矿床产在寒武系和泥盆系的不整合面或断层接触带附近，界面对铀矿形成过程起到什么样的作用，以及构造、岩性对矿床的控制都是需要深入研究的问题。同时，在大新地区，今后的找矿方向在哪里，重点应该在什么地区，也是必须解决的实际问题。

1.3　研究目的及意义

本书就是针对存在的问题，进行深入研究，以期能够解决这些重要问题，为大新铀矿床成因研究提供理论支持，为桂西南地区碳硅泥岩型铀矿勘查方向提供支持。

具体来说，本书的目的及意义为：以桂西南地区碳硅泥岩型铀矿床为研究目标，以大新铀矿床为重点研究对象，兼顾外围已知铀矿（化）点，在深入分析前人在该区所作的铀矿地质、基础地质调查及研究等资料的基础上，通过野外地质调查，采取适当样品进行分析研究，运用现代成矿理论和新的思路，深入研究大新地区铀成矿物质来源、流体来源，铀成矿作用及控矿因素，与西南其他典型铀矿床进行对比，总结成矿规律，进行成矿预测，明确铀矿找矿方向，为生产单位在该区开展大规模铀矿地质找矿提供理论依据和立项靶区。

1.4　取得的主要成果

本书通过对桂西南地区基础地质进行深入分析研究，对碳硅泥岩型铀成矿条件进行分析，对铀成矿规律进行研究，指出今后的找矿方向，取得的主要成果如下：

(1)深入研究了大新矿床的地质地球化学特征。

(2)对比研究了大新铀矿床与其他铀矿床（点）的异同。

(3)深入研究了大新矿床的成矿物质来源。

(4)深入研究了大新矿床的成矿流体来源。

(5)研究了有机质与铀矿成矿的关系。

(6)系统研究了大新地区辉绿岩的地质学、地球化学以及年代学特征，系统性地阐述了该区经历的岩浆-构造热事件，以及辉绿岩与铀矿化的关系。

(7)系统总结了研究区的铀成矿规律，分析了铀源、流体来源、热源以及控矿条件。

(8)建立了研究区的铀成矿模式。

(9)总结了研究区铀矿化的定位标志，指出了研究区的铀找矿方向。

第 2 章　区域地质概况

2.1　大地构造位置

根据广西地矿局最新修订的 1:50 万地质图说明书，研究区位于华南板块南华活动带（Ⅱ）右江褶皱系（Ⅱ₂），自东向西跨越西大明山凸起、灵马凹陷、靖西—都阳山凸起 3 个四级构造单元（图 2-1）。

广西构造单元划分简表

一级	二级	三级	四级
华南板块	Ⅰ 扬子陆块	Ⅰ₁ 桂北地块	Ⅰ₁¹ 九万大山隆起
			Ⅰ₁² 龙胜褶断带
	Ⅱ 南华活动带	Ⅱ₁ 桂中—桂东北褶皱系	Ⅱ₁¹ 来宾凹陷
			Ⅱ₁² 桂林弧形褶皱带
			Ⅱ₁³ 海洋山凸起
			Ⅱ₁⁴ 大瑶山隆起
		Ⅱ₂ 右江褶皱系	Ⅱ₂¹ 百色凹陷
			Ⅱ₂² 那坡断陷
			Ⅱ₂³ 靖西—都阳山凸起
			Ⅱ₂⁴ 灵马凹陷
			Ⅱ₂⁵ 西大明山凸起
			Ⅱ₂⁶ 十万大山断陷
	Ⅲ 华夏陆块	Ⅲ₁ 钦州褶皱系	Ⅲ₁¹ 灵山断褶带
			Ⅲ₁² 六万大山凸起
			Ⅲ₁³ 博白断褶带
		Ⅲ₂ 云开地块	Ⅲ₂¹ 天堂山隆起
		Ⅲ₃ 桂乐褶皱系	Ⅲ₃¹ 鹰扬关褶皱带

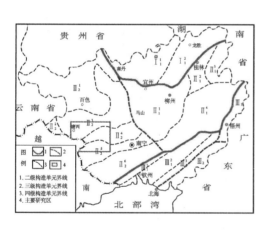

图 2-1　研究区大地构造位置图

（资料来源：广西壮族自治区 1:50 万数字地质图，2006 版，广西壮族自治区地质矿产勘查开发局）

2.2　区域地质构造发展史

右江褶皱系位于南华活动带的西端，属湘桂褶皱系的一部分。基底零星出露下古生界寒武系，多分布于右江断裂南部的部分背斜、穹窿核部，西部为厚 800 m 的碳酸盐岩夹碎屑岩，往东过渡为厚近万米的陆源复理石碎屑岩，广西运动使之褶皱成山。盖层沉积由泥盆系至中三叠统组成，尤以中三叠统厚度巨大且分布广泛为特征，早泥盆世初形成稳定的盖层沉积，下泥盆统以不同层位角度不整合于寒武系之上，呈现由东往西超覆现象。早泥盆世晚期,地壳开始产生张裂,由此逐步形成大小不一的浅水台地和深水台沟,构成"台、沟"相间的古地理景观,此现象维持到早三叠世。台地处于长期稳定下沉的浅水环境,沉积厚达五千多米的碳酸盐岩,台地边缘往往发育生物礁及滑塌角砾岩。台沟中则沉积同时期的硅泥质岩和中、基性火山岩,厚度较薄,为数百米至 1000 m。东吴运动后,台地逐步缩小,盆地相继扩大,至中三叠世终于演化为单一的浊积盆地,沉积厚度巨大,为一套厚数千米至万米的陆源碎屑复理石建造和浊积岩。

强烈的火山活动和基性岩浆侵入,是该区重要特征之一,华力西期和印支期海底基性—酸性火山岩和基性侵入岩广泛分布,加里东期酸性侵入岩有小面积出露。

印支运动褶皱回返,形成印支褶皱带,构造线方向以北西向为主,次为南北向、北东向和东西向,台地区为平缓开阔褶皱,台沟区则为紧密线状和倒转褶皱。台地边缘往往发育拆离断层,亦是本区构造特征之一。

燕山—喜马拉雅期,本区发育断陷盆地和走滑盆地,以北东向为主,次为北西向和近东西向。燕山期有少量酸性岩浆侵入,也有少量基性脉体侵入。

据隆起和拗陷程度、岩浆活动及构造等特征,可将本区划分为 6 个四级构造单元,其中,西大明山凸起、灵马凹陷、靖西—都阳山凸起等 3 个四级构造单元为本书主要研究区。

(1)西大明山凸起,是褶皱基底出露比较广泛的地区。基底为寒武系复理石碎屑岩,盖层由泥盆系—下三叠统组成,台沟相与台地相沉积并存,由滨岸相碎屑岩-浅海台地相碳酸盐岩、台沟相硅泥质岩-槽盆相复理石建造组成。华力西—印支期,海相火山喷发活动强烈,形成多期次火山岩建造,由中基性到酸性,由弱到强的演化特征;侵入岩不甚发育,主要有燕山期酸性岩浆分布,形成昆仑关花岗岩体。基底褶皱为近东西向紧密线状复式褶皱,盖层褶皱受基底构造控制,亦以东西向褶皱为主,一般为平缓开阔,构成在西大明山大型背斜为主体的复式褶皱构造。

(2)灵马凹陷,由于受基底断裂的控制,在下雷—灵马一带,发育一套台沟相硅泥质岩及含锰岩系,中三叠统则为复理石碎屑岩,华力西—印支期,海底基性火山岩和侵入岩浆活动频繁,大明山一带有燕山期酸性岩浆活动,构造线方向以北东向为主,褶皱为紧密线状倒转或长轴状为特征,次级褶皱发育。

(3)靖西—都阳山凸起,主要为晚古生代浅水碳酸盐岩沉积分布区。三叠系零星分布,为浅水碳酸盐-深水相复理石建造。岩浆活动不强但频繁;靖西一带晚泥盆世—早石炭世,曾发生过多次海底中、基性岩浆喷发,钦甲及红泥坡有加里东期花岗岩分布。印支期褶皱和断裂发育,构造线方向为北西向;而在靖西—德保一带,则以短轴状或穹隆构造为特征,构造线方向总体呈东西向。

2.3　区域地层

研究区及附近最老的地层是寒武系,上覆盖层以泥盆系砂砾岩和碳酸盐岩为主,与寒武系呈角度不整合或断层接触;其次是石炭系、二叠系、三叠系、古近系和第四系,多出露于主要研究区北部外围地区,故对这一部分的地层描述从简、从略(表 2-1,图 2-2)。

地 质 图

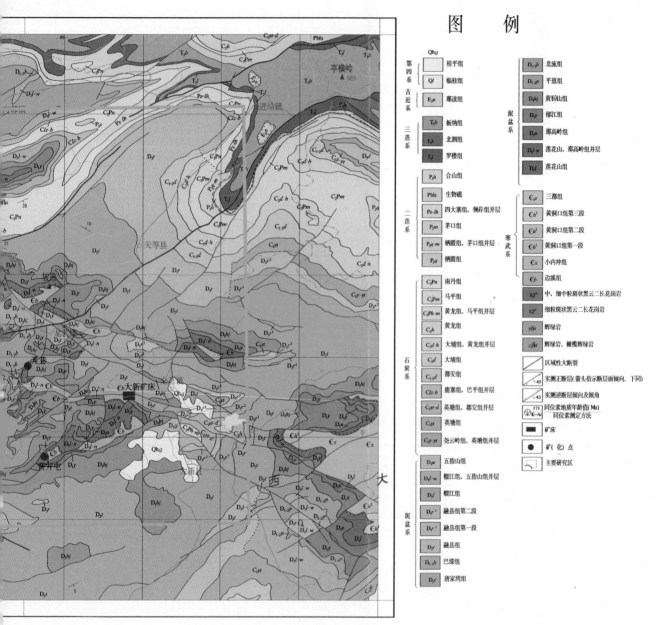

图 例

第四系
- Qhg 桂平组
- Ql 临桂组

古近系
- E_2n 那读组

三迭系
- T_2b 板纳组
- T_1b 北泗组
- T_1l 罗楼组

二迭系
- P_2h 合山组
- $Pbls$ 生物礁
- $P_2s\text{-}lh$ 四大寨组、领好组并层
- P_2m 茅口组
- $P_2q\text{-}m$ 栖霞组、茅口组并层
- P_2q 栖霞组

石炭系
- C_2Pn 南丹组
- C_2P 马平组
- $C_2Ph\text{-}m$ 黄龙、马平组并层
- C_2h 黄龙组
- $C_2d\text{-}h$ 大埔组、黄龙组并层
- C_2d 大埔组
- $C_{1-2}d$ 都安组
- $Clz\text{-}b$ 鹿寨组、巴平组并层
- $C_1y\text{-}d$ 英塘组、都安组并层
- C_1yt 英塘组
- $C_1y\text{-}yt$ 尧云岭组、英塘组并层

泥盆系
- D_3w 五指山组
- $D_3l\text{-}w$ 榴江组、五指山组并层
- D_3l 榴江组
- D_2f^2 融县组第二段
- D_2f^1 融县组第一段
- D_2f 融县组
- D_2b 巴漆组
- D_2l 唐家湾组

泥盆系
- $D_{1-2}b$ 北流组
- $D_{1-2}p$ 平恩组
- D_2hj 黄猄山组
- D_1y 郁江组
- D_2n 那高岭组
- $D_1l\text{-}n$ 莲花山、那高岭组并层
- D_1l 莲花山组

寒武系
- ϵ_3y 三都组
- ϵh^3 黄洞口组第三段
- ϵh^2 黄洞口组第二段
- ϵh^1 黄洞口组第一段
- ϵx 小内冲组
- ϵb 边溪组

- $s\gamma^b$ 中、细中粒斑状黑云二长花岗岩
- $s\gamma^l$ 细粒斑状黑云二长花岗岩
- $r\beta u$ 辉绿岩
- $c\beta u$ 辉绿岩、橄榄辉绿岩

- 区域性大断裂
- 实测正断层(箭头指示断层面倾向,下同) 45
- 实测逆断层倾向及倾角 45
- 同位素地质年龄值(Ma) 171 / K-Ar 同位素测定方法
- 矿床
- 矿(化)点
- 主要研究区

说明: 区域地质底图来源于广西地矿局2006版50万地质图

研究区区域地质图

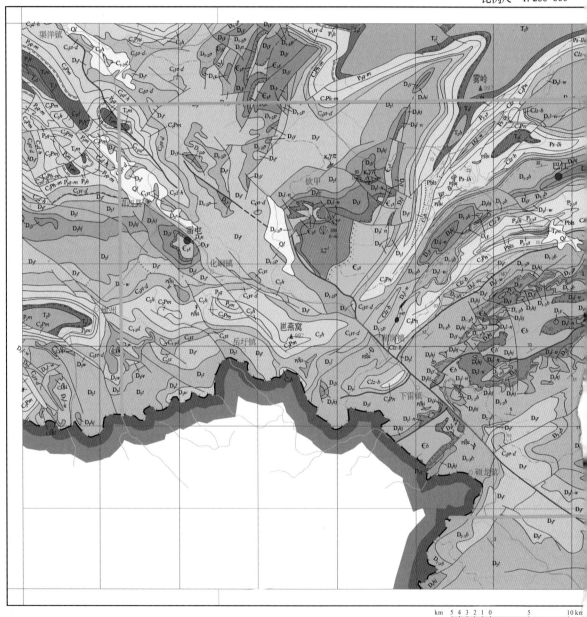

km 5 4 3 2 1 0   5   10 km

图 2-2

表 2-1　区域地层简表

年代地层单位		岩石地层单位	地层代号	厚度/m
第四系	全新统	临桂组	Ql	0～20
		桂平组	Qhg	0～33
古近系	始新统	那读组	E_2n	>235
三叠系	中统	兰木组	T_2l	1000～3000
		板纳组	T_2b	300～800
	下统	罗楼组	T_1l	40～538
		马脚岭组	T_1m	10～749
二叠系		合山组	P_3h	48～475
		茅口组	P_2m	72～792
		四大寨组	$P_{1-2}sd$	86～700
		栖霞组	P_1q	15～688
石炭系	中统	南丹组	C_2nd	43～1934
		马平组	C_2mp	282～920
		黄龙组	C_2hl	112～790
		大埔组	C_2d	29～804
	下统	都安组	$C_{1-2}d$	29～696
		英塘组	C_1yt	15～1006
		尧云岭组	C_1y	53～245
泥盆系	上统	五指山组	D_3w	92～158
		榴江组	D_3l	88～115
		融县组	D_3r	300～1866
	上—中统	巴漆组	$D_{2-3}b$	22～242
		唐家湾组	D_2t	227～337
	中—下统	平恩组	$D_{1-2}p$	285
		北流组	$D_{1-2}b$	50～914
		黄猄山组	D_1hj	20～600
		郁江组	D_1y	0.2～618
		那高岭组	D_1n	32～372
		莲花山组	D_1l	13～1296
寒武系		三都组	$\in_3s$	1020～2095
		唐家坝组	$\in_3t$	400～1500
		龙哈组	$\in_{2-3}l$	>295
		边溪组	$\in b$	391～742
		黄洞口组	$\in h$	453～3654
		小内冲组	$\in x$	319～1780

注：据广西壮族自治区地质矿产局，2006。

2.3.1　寒武系（Є）

在研究区及附近，寒武系大体呈东西向展布，广泛而零散，主要出露于一系列背斜、穹窿的核部。

根据岩性组合及古生物类型所反映的沉积相特征，研究区自东向西可分为：东部西大明山地区为槽盆相复理石建造，产东南型动物群，可分小内冲组、黄洞口组；重点研究区为深水陆棚相，以复理石建造为主夹碳酸盐岩，也以东南型三叶虫和薄壳腕足为主，划为边溪组，可与桂北边溪组类比；研究区西部靖西化峒一带为陆棚相，碎屑岩夹较多碳酸盐岩，出现华北型与东南型动物过渡型，称三都组；研究区最西部靖西那坡交界地带以台地相碳酸盐岩为主，以产华北型动物群为特征，采用云南岩石地层单位可分为龙哈组、唐家坝组。

1. 小内冲组（Єx）

小内冲组分布于研究区东部外围西大明山地区，岩性为灰绿色厚层状长石石英砂岩、中厚层细砂岩、粉砂质页岩、页岩夹炭质页岩，组成小旋回，具水平纹层、递变层理、冲刷现象等浊流特征，厚319～1780 m。

2. 黄洞口组（Єh）

黄洞口组主要分布于研究区东部外围西大明山地区，岩性为厚层状含砾长石石英砂岩、长石石英砂岩、细砂岩、粉砂岩、粉砂质页岩，呈不等厚互层，局部具槽模、底冲刷构造、粒序层理、斜层理、水平层理、波状砂纹层理等，厚453～3654 m。

3. 边溪组（Єb）

边溪组分布于主要研究区大新—四城岭一带的北斜核部，以灰绿色厚层状不等粒长石石英砂岩、细粒杂砂岩为主，夹粉砂岩、页岩、灰岩、泥灰岩、钙质泥岩，厚391～742 m。

4. 三都组（Єs）

三都组主要分布于研究区西部靖西钦甲—化峒一带，岩性为灰绿色条带状灰岩、泥质灰岩、页岩、砂质页岩，厚1020～2095 m。

5. 龙哈组（Є_{2-3}）

龙哈组主要分布于研究区西部外围靖西那坡交界地带，岩性为灰—深灰色中厚层状白云岩、泥晶白云岩夹粉砂岩、泥晶灰岩、钙质白云岩及少量细砂岩，厚度大于295 m。

6. 唐家坝组（Є_3t）

唐家坝组主要分布于研究区西部外围靖西那坡交界地带，岩性为泥质条带灰岩夹厚层状白云质灰岩、粉砂质泥岩，厚400～1500 m。

2.3.2　泥盆系（D）

泥盆纪时，由于地壳的伸展沉陷及基底断裂的拉伸、走滑，出现了台、沟相间的古地理格局，形成了不同类型的地层序列，即滨岸碎屑岩相，含莲花山组、那高岭组、郁江组；局限、半局限台地相，含黄猄山组、唐家湾组；开阔台地相，含融县组；台地边缘相，含北流组；斜坡相，含平恩组、巴漆组；海槽（台间海槽）相，含榴江组、五指山组。本节按沉积相由老到新描述如下。

1. 莲花山组（D_1l）

莲花山为研究区广泛出露的地层之一，岩性为紫红色、灰白色厚层状砾岩、含砾砂岩、杂砂岩、粉砂岩、粉砂质泥岩等，组成 1～3 个小旋回，下部砂砾岩具槽状、板状交错层理，中上部砂岩、粉砂岩为"人"字形交错层理，泥质粉砂岩具垂直冲孔，与下伏寒武系为角度不整合接触，与上覆那高岭组或郁江组整合接触，厚度为 13～1296 m。

2. 那高岭组（D_1n）

那高岭组出露面积大，常毗连莲花山组分布，岩性为一套灰绿色、黄色页岩、粉砂质泥岩、泥质粉砂岩，粉砂岩，夹少量白云质泥灰岩。大部分地区该组与下伏莲花山组呈整合接触，但在德保钦甲、靖西化峒等超覆不整合于寒武系之上，厚 32～372 m。

3. 郁江组（D_1y）

郁江组为研究区主要出露的地层之一，岩性为黄灰色石英细砂岩、杂色粉砂岩、粉砂质泥岩，顶部为富含生物化石的泥灰岩，厚度 0.2～618 m。

4. 黄猄山组（D_1hj）

黄猄山组为研究区主要出露的地层之一，岩性为深灰色中厚层状白云岩、白云质灰岩，厚 20～600 m。

5. 北流组（$D_{1-2}b$）

北流组往往与平恩组相伴零星出露于背斜翼部，岩性为浅灰、深灰色生物屑泥晶灰岩，亮晶砂屑灰岩与层孔虫珊瑚礁灰岩互层，间夹数层钙质细砂岩，厚 50～914 m。

6. 平恩组（$D_{1-2}p$）

平恩组往往与北流组相伴零星出露于背斜翼部，岩性为灰黑色中薄层状泥晶灰岩、泥灰岩夹硅质岩及隧石条带、白云质灰岩。研究区西北部外围德保一带为瘤状灰色与含黑色胶磷矿条纹的泥质灰岩呈互层产出，夹多层钙质浊积岩及泥岩，是重要的含磷层位。该组厚 285 m。

7. 唐家湾组（D_2t）

唐家湾组为研究区最主要的地层，岩性为灰—深灰色厚—中层状白云岩、白云质灰岩及层孔虫灰岩，底部生物屑泥灰岩，厚 227～337 m。

8. 巴漆组（$D_{2-3}b$）

巴漆组主要见于研究区西南等地，小面积出露，岩性为深灰色薄—中层状灰岩、粉晶灰岩、泥晶灰岩夹燧石条带或硅质岩，厚度 22～242 m。

9. 榴江组（D_3l）

榴江组往往沿区域构造呈条带状小面积分布，岩性以灰—深灰色薄层硅质岩、硅质泥岩为主，夹含锰硅质岩、含磷硅质岩、含锰灰岩、含锰泥岩，局部夹薄层菱铁矿重晶石矿及基性熔岩，厚 88～115 m。

10. 五指山组（D_3w）

五指山组多数毗连榴江组分布，岩性为浅灰、浅褐色、粉红色扁豆状灰岩、泥质条带状灰岩、薄层泥晶灰岩等，局部夹火山岩。在靖西化峒等地夹多层碎屑流角砾岩，发育滑塌构造。该组也产锰矿，原生矿为碳酸锰矿、含锰灰岩，次生矿为氧化锰。该组厚 92～158 m。

11. 融县组（D_3r）

融县组为研究区广泛出露的地层之一，岩性为浅灰色厚层块鲕粒灰岩、藻灰岩、砾屑灰岩、白云岩、白云质灰岩。部分地区可据下部白云岩、白云质灰岩为主，上部藻灰岩、鲕粒灰岩发育划分为上下两段（D_3r^2，D_3r^1）。该组厚度巨大，达 300～1866 m。

2.3.3　石炭系（C）

石炭系主要出露于研究区北部及东西部外围古生代隆起的边缘地区，包括以下 7 个组。

1. 尧云岭组（C_1y）

尧云岭组岩性为灰—灰黑色灰岩、泥质灰岩、生物屑灰岩组合。多数地区分为两部分，下部称上月山段，为深灰色薄层灰岩夹泥质条带，上部为深色中层泥质灰岩、生物屑灰岩。该组厚 53～245 m。

2. 英塘组（C_1yt）

英塘组岩性为黄灰色—灰黑色泥岩、砂岩、泥灰岩、灰岩、燧石灰岩。近古陆地区砂泥岩较多，远离物源区砂页岩逐渐减少，与下伏尧云岭多为平行不整合接触。厚度为15～1006 m。

3. 都安组（$C_{1-2}d$）

都安组岩性为浅灰色厚层块状灰岩夹白云质灰岩、白云岩，厚 29～696 m。

4. 大埔组（C_2d）

大埔组岩性为灰白—灰色厚层块状白云岩夹白云质灰岩，局部含燧石团块，与其下伏、上覆地层均为整合接触。该组厚度为 29～804 m。

5. 黄龙组（C_2hl）

黄龙组岩性为浅灰—灰色厚层状生物屑灰岩、生物屑泥晶灰岩、白云质灰岩夹白云岩，厚 112～790 m。

6. 马平组（C_2mp）

马平组主要岩性为灰白色厚层状微晶灰岩、生物碎屑灰岩、生物碎屑泥晶灰岩，局部夹白云质灰岩、核形石灰岩、有孔虫灰岩，局部含燧石团块。该组厚度 282～920 m。

7. 南丹组（C_2nd）

南丹组属台地前缘斜坡至盆地相沉积。岩性为深灰色中薄层夹厚层微晶灰岩、生物屑泥晶灰岩夹生物屑砾屑灰岩、白云岩，岩石普遍含硅质条带和团块，局部见滑塌构造。该组厚 43～1934 m。

2.3.4　二叠系（P）

二叠系主要分布于研究区北部外围地区。

1. 栖霞组（P_1q）

栖霞组岩性为深灰色薄中层状，上部为中厚层泥晶灰岩，含泥质条带、硅质条带及结核，局部含磷，与下伏地层多为整合接触，厚 15～688 m。

2. 四大寨组（$P_{1-2}sd$）

四大寨组下部以泥岩为主，夹粉砂质泥岩、硅质岩；上部以生物屑灰岩、砾屑灰岩、燧石条带灰岩为主。该组厚 86~700 m。

3. 茅口组（P_2m）

茅口组常毗连栖霞组分布，岩性为浅色厚层块状亮晶灰岩、生物屑泥晶灰岩、粉泥晶生屑团粒灰岩，夹白云质灰岩、白云岩，含燧石团块和硅质条带。常在孤立台地边缘发育礁灰岩，向前缘斜坡硅质岩、泥岩增加，过渡为四大寨组。该组厚 72~932 m。

4. 合山组（P_3h）

合山组岩性以深灰色中厚层生物屑微晶灰岩、泥质灰岩为主，底部为灰黄色铁铝土岩、含豆粒泥岩、硅质岩，中下部含炭质泥岩中夹数层煤层或煤线，与下伏茅口组呈平行不整合接触。该组是广西重要的含煤及铝土矿层位，厚 48~475 m。

2.3.5　三叠系（T）

三叠系主要分布于研究区北部边缘及外围地区。

1. 马脚岭组（T_1m）

马脚岭组岩性为浅灰色薄板状灰岩、泥质条带灰岩夹泥岩，局部夹鲕粒灰岩、竹叶状灰岩、凝灰岩。该组常与下伏茅口组或合山组底部铁铝土岩呈平行不整合接触，厚度 10~749 m。

2. 罗楼组（T_1l）

罗楼组岩性为灰黄—深灰色生物屑灰岩、泥质条带灰岩、砾状灰岩、泥质灰岩夹钙质泥岩及凝灰岩，局部夹扁豆状灰岩、白云质灰岩或白云岩。本组为广西重要含锰层位，厚度 40~538 m。

3. 板纳组（T_2b）

板纳组岩性为灰绿—灰黄色薄层泥岩、粉砂岩夹细砂岩，局部地区夹凝灰岩、层间砾岩，上部夹灰岩透镜体和钙质含砾泥岩。厚度一般为 300~800 m。

4. 兰木组（T_2l）

兰木组由青灰色厚层含长石钙质细砂岩、粉砂岩、泥岩互层，构成向上变细（粗）的沉积旋回。覆于深水相百逢组之上的兰木组厚层块状砂岩多，地层厚度大，浊流沉积特征明显，并有不同方向的水道扇体存在；而覆于浅水相之上的兰木组则砂岩夹层少，以粉砂岩为主。该组厚度 1000~3000 m。

2.3.6　第四系（Q）

1. 桂平组（Qhg）

桂平组分布于大小河流谷地，在较大的河流两岸可构成宽数十公里的冲积平原。一级阶地的下部和现代河床、河漫滩为砂砾层，阶地上部为砂土、亚黏土层，常夹泥炭层。该组厚度由几米到 33 m。

2. 临桂组（Ql）

临桂组广泛分布于岩溶区内的峰林平原、峰丛凹地和溶蚀残丘中，主要由棕红色、红黄斑杂色黏土组成，厚 0~20 m。

2.4　区域岩浆岩

　　研究区域内岩浆岩不发育，分布较少，主要是一些辉绿岩等中基性岩脉和橄榄岩脉体，辉绿岩在研究区湖润镇—向都镇靠近北边的一线分布，橄榄岩则分布在南边。距大新矿床最近的岩浆岩是北东约 6 km 全茗乡北的北西—南东向的辉绿岩脉分布。矿床南西方向普井屯一带有北西—南东向辉绿岩脉分布，且辉绿岩局部有矿化。在矿区西南恩城一带有酸性熔岩脉出露。在矿区以西 40 km 左右靖西—德保一带有钦甲花岗闪长岩体，岩体面积约 40 km²，产有德保铜矿，矿体产在岩体边部，与辉绿岩及碳酸盐化有显著关系。钦甲岩体内部有辉绿岩等基性岩脉侵入，在钦甲岩体北部有花岗斑岩脉出露。在靖西化峒—地州一带有辉绿岩体、次火山岩体出露，面积约 10 km²。

　　此外，根据 20 世纪 80 年代石油部门在大新—靖西地区进行的勘探工作，认为该区存在隐伏花岗岩体。

2.5　区域构造

　　研究区的构造较为发育，构造线方向主要为北东向，次为北西向。研究区在区域上被 4 条深大断裂所限制，分别为北西向的右江断裂、黑水河断裂，北东向的下雷—灵马断裂、凭祥—南宁断裂。研究区大新矿床及其外围主要为近东西向的断裂、北东向断裂和北西向断裂三组，与矿化关系密切的是近东西向断裂(图 2-3)。

　　(1)下雷—灵马断裂(14)，位于靖西县地州，大新县下雷、上映，天等县巴荷至武鸣县灵马一带，走向 60°~80°，长 210 km，中间在平果一带被右江断裂平移约 20 km。这是一条半隐状的断裂带，地表有大小不等的断裂成群分布，以倾向南东、倾角 40°~65°的逆冲断层为主，同时伴生长轴-线状紧密复式褶皱组成北东东向断褶带。受同生断裂控制，从早泥盆世塘丁期至早三叠世，断裂带内为较深水狭长断槽沟相硅质泥质岩，有华力西、印支期基性火山岩及基性-超基性侵入岩。断裂具有多期活动特点，自华力西早、中期开始控制沉积岩相和岩浆活动，形成特殊的断槽沟式的较深水沉积。印支运动沿断裂形成较紧密的长轴-线状褶皱和一系列断裂。中、新生代没有明显活动。属硅镁层深断裂。

　　(2)右江断裂(16)，走向北西，自南宁经百色、田林、隆林入云南，长 360 km。自南宁向东南尚有断续出现，直至合浦一带。隆林至百色段为一条断裂，百色至南宁段有 3~5 条断裂，组成宽 5~10 km 的断裂带。主要倾向北东，倾角 60°~80°，局部倾向南西，均以逆冲断层为主。断裂切割寒武系至古近系，断距 100~900 m 不等。断裂带内挤压透镜体、片理化、糜棱岩化、硅化发育。地貌上形成笔直的右江断层谷地，在卫星影像上线形构造明显。断裂严格控制右江一带的百色、平果、邑宁那龙等古近纪盆地的展布。断裂在印支运动形成；喜马拉雅亚旋回再次强烈活动，造成百色盆地内东北边缘三叠系逆冲于古近系之上；近代，地震比较活跃，是广西重要的控震断裂之一。

　　(3)凭祥—南宁断裂(33)，南起凭祥市伏波山西麓，向北东经宁明县、崇左县板利乡、扶绥县，至南宁市金陵镇一带分岔，一支向北延入武鸣县南侧，至大明山北麓一带

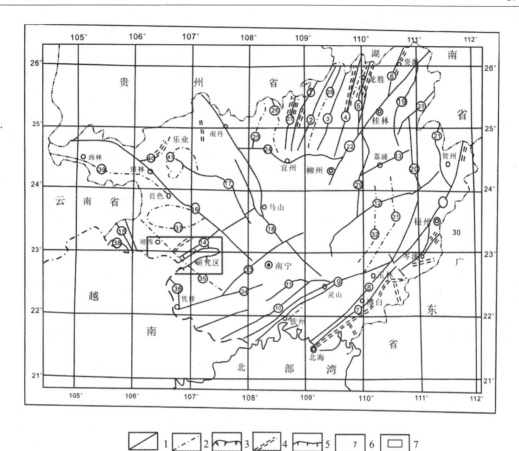

1. 区域性大断裂　2. 一般主要断裂　3. 逆冲推覆断裂　4. 韧性剪切带　5. 滑离断裂　6. 断裂编号　7. 研究区

图 2-3　广西主要断裂分布图

与南丹—昆仑关断裂带相接，另一支沿南宁盆地与大明山之间延伸，于昆仑关以南与南丹—昆仑关断裂带相接。该断裂由一系列平行的北东向断裂组成，切割地层主要有寒武系、泥盆系、石炭系、二叠系、三叠系，断裂南段控制华力西期—印支期岩浆活动，以海底火山喷发为主，早二叠世茅口期，晚二叠世及早、中三叠世中基性、中酸性火山岩广泛分布，尤以凭祥一带最发育，有厚达三千余米的三叠纪火山岩。印支期基性—超基性侵入岩亦见于宁明、凭祥一带。断裂北段两个分支均为大明山隆起的边缘断裂，其中南支断裂控制了南宁新生代盆地的发育，为断陷性质。

　　(4)黑水河断裂(35)，走向北西，自崇左县濑湍经大新县雷平、靖西县胡润至魁圩，控制古生代沉积相及岩浆活动。

第3章 典型矿床（点）地质特征

桂西南地区碳硅泥岩型铀矿化分布广泛，本书选择大新矿床、巴江矿床、普井屯矿点及雷屯矿点为典型矿床（点）进行研究，通过典型矿床研究，总结研究区碳硅泥岩型铀矿的成矿规律，进而指出找矿方向。本章对典型矿床（点）的地质特征进行研究。

3.1 大新矿床地质特征

大新矿床位于华南板块南华活动带（Ⅱ）右江褶皱系（Ⅱ₂）西大明山凸起（Ⅱ$_2^5$），大新凹断束，那岭—俸屯褶断地垒的北端。

3.1.1 地层岩性

矿区出露地层主要为寒武系、下泥盆统、中泥盆统，地层走向近东西，倾向近北（图3-1）。

1. 寒武系

矿区内出露的寒武系地层为边溪组（$\in b$），厚度大于400 m，岩性为含云母石英细砂岩夹泥板岩、薄层灰岩、砂质板岩等。

2. 泥盆系

（1）莲花山组那高岭组并层（$D_1 l$-n）（局部地段未合并，为那高岭组 $D_1 n$ 和莲花山组 $D_1 l$），与寒武系不整合接触，局部为断层接触，厚度80 m，分上下段。下段为含砾石英砂岩、钙质石英细砂岩；上段由淡绿色、紫红色钙质泥岩互层夹泥灰岩、泥质粉砂岩组成，见舌形贝、棘鱼碎片等化石。

（2）郁江组（$D_1 y$），厚度84 m，分上下段，下段为灰黑色钙质泥岩夹隐晶质灰岩透镜体，化石丰富；上段为钙质胶结石英细砂岩，夹粉砂质隐晶灰岩团块。该组为下含矿构造岩带（Fy）原岩；

（3）黄猄山组（$D_1 h_j$），厚度大于100 m，主要岩性为深灰色中厚层白云质生物碎屑灰岩、深灰色厚层-块状含生物（层孔虫）白云岩、灰—灰黑色细晶白云岩等。

（4）唐家湾组（$D_2 t$），厚度大于500 m，该组下段底部为生物碎屑（层孔虫）灰岩，为大新矿床含矿构造带（Ft_1）原岩；该组下段下部为结晶灰岩夹黑灰色隐晶质灰岩；上部为白云质灰岩夹白云岩及灰岩；该组上段为中厚层状隐晶质灰岩夹少量薄层灰岩或白云质灰岩，为大新矿床含矿构造带（Ft_2）原岩。

由于受到强烈的构造作用影响，矿区内岩石比较破碎，常见角砾岩、灰岩、泥岩，也有粉砂质泥岩、泥质粉砂岩。

角砾岩：角砾大小不等，粒径变化范围很大，最小只有5 cm，最大可达50 cm，部分角砾的原岩为灰岩。角砾间充填的胶结物以泥质、黏土质和铁质、炭质成分为主，颜色多呈灰黑色。

灰岩：有中—厚层状和呈角砾状构造的灰岩，中—厚层状的灰岩多为灰白色，角砾状构造的灰岩颜色以灰黑色为主。部分受到围岩蚀变作用表现出硅化特征，有些灰岩的表面还可以看见少量的褐铁矿。灰岩中常可见方解石脉，γ值较高。

泥岩：矿区内泥岩也出露很多，分布在矿床的东面和南面斜坡(矿床西边岩石已经被废渣等掩埋)，可见薄层互层和薄—中层的泥岩，其颜色变化很大，有灰白色、灰黑色、黄褐色，组分也有差异，部分含碳质较高，部分受到硅化作用，岩石表面显锖色。矿床东面的泥岩γ值很高，异常特别明显。

粉砂质泥岩：分布于矿床东面，无硅化。

泥质粉砂岩：分布在矿床的南面，宽度仅 10 余米。

另外，在矿床的北东侧还出露少量硅化岩石，呈角砾状，黄、红褐色，溶蚀现象明显，表面具铁染特征。

3.1.2　构造

大新铀矿床矿区内最大的断裂构造为俸屯褶断地垒北翼边缘的 F_2 断裂带，该断层在矿区内走向近东西，倾向北。F_2 断层上盘产生了一系列派生的似层间分支断裂 F_1^3、F_2^3、F_3^3，另外还有一条近东西向的 F_1 断层(图 3-1，图 3-2)。

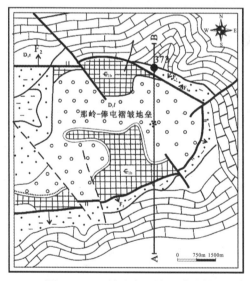
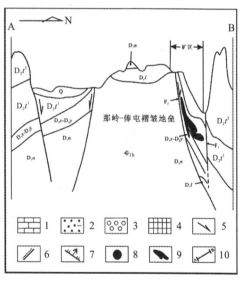

图 3-1　373 铀矿床区域地质及剖面示意图(据刘师先，1983；李治兴等，2011 修改)

1. 唐家湾组(D_2t)；2. 那高岭组—郁江组(D_1n–D_2y)；3. 莲花山组(D_1l)；4. 寒武系边溪组($\in_{1b}$)；
5. 断盘移动方向；6. 地层不整合界线；7. 断层及编号；8～9. 373 矿床；10. 剖面位置

F_2 断层：铅直断距 400 m 左右，总体产状 $3°\angle55°$，倾角 $30°\sim80°$，上陡下缓。变缓标高为 $100\sim150$ m，为多次构造活动的产物，既是矿前构造，又是矿后破坏构造。断层下盘很少见铀矿化，只在 59 线一个钻孔中发现在下盘的寒武系地层中有矿化。F_2 的最大宽度 $200\sim400$ m，走向长度 23 km 以上。

F_3^3 断层：上盘为唐家湾组上段(D_2t^2)，下盘为唐家湾组下段(D_2t^1)，似层间断裂。总体产状 $350°\angle45°$，沿倾向产状变化较大，上陡下缓，在 $150\sim200$ m 标高，向南倾，变缓后，构造带变小，破碎带减弱，矿体随之尖灭。断层上盘的破碎程度，在断层面附近最强，向上盘依次减弱，铀矿化产于强烈破碎的部位。总体上，破碎程度由断层面向上盘，破碎粒度由细变粗，在局部地段，形成水平分带特征：糜棱岩、灰质条带状类糜棱岩、灰质白云岩条带状构造角砾岩、灰岩破碎岩、正常层状灰岩。

F_3^2 断层：上盘为唐家湾组下段上部白云质灰岩（或其硅化带），下盘为下部生物碎屑灰岩。产状 350°∠40°，长 200 m，在 300 m 标高处与 F_3^1 合并，规模不大。该断层由 F_2 派生的北东东和北西西两组剪切裂隙发育而成，呈明显的波形弯曲。

F_3^1 断层：上盘为唐家湾组下段底部灰岩，下盘为郁江组泥岩。

F_1 断层：在区域上呈北西西走向，在矿区呈近东西走向，倾向南，倾角 80°左右，正断层，与 F_2 断层在矿区相交，形成夹持区，形成巴那河小地堑，矿化在两个断层相交的锐夹角夹持区内达到最大规模。

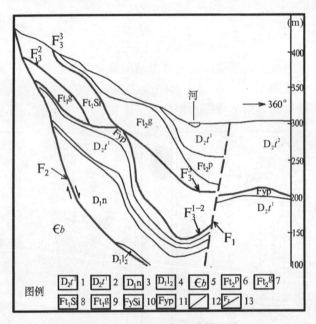

图 3-2　大新铀矿床地质剖面图
1. 唐家湾组中厚层灰岩；2. 唐家湾组白云质灰岩；3. 郁江组粉砂岩破碎带；
4. 莲花山组钙质泥岩破碎带；5. 边溪组砂岩夹泥板岩及灰岩；6. 灰岩破碎带；
7. 灰岩构造角砾岩（上矿带）；8. 白云质灰岩硅化破碎带（中矿带）；9. 灰岩构造角砾岩（中矿带）；
10. 泥岩硅化破碎岩（中矿带）；11. 泥岩破碎带（下矿带）；12. 地层界线；13. 构造及编号

大新铀矿床矿化岩石位于区域性正断层 F_2 和次级断层 F_3（F_3^1、F_3^2、F_3^3）夹持的构造破碎带中。根据派生分支断裂与地层的组合，又可分为三个含矿构造亚带：一个是上矿带 Ft_2，原岩为唐家湾组上段灰岩，正常中层灰岩为上界面，F_3^3 断层为下界面；二是中矿带 Ft_1，原岩为唐家湾组下段的白云质灰岩和生物灰岩，上界面为 F_3^3 断层，下界面为 F_3^1 断层，其中 F_3^3 与 F_3^2 之间为硅化白云质灰岩，即 Ft_1Si 带，F_3^2 与 F_3^1 之间为灰岩构造带，即 Ft_1g 带；三是下含矿带 Fy，原岩为郁江组泥岩、粉砂岩，上界面为 F_3^1 断层。硅化泥岩或硅化粉砂岩称 FySi 带，强烈破碎的泥岩称 Fyp 带。

F_1 断层：正断层，倾向南，倾角 80°左右，与 F_2 断层共同组成巴那河小地堑。

3.1.3 矿体特征

矿体呈似层状、透镜状,与地层产状、构造破碎带产状一致,上陡($60°\sim70°$)下缓($40°\sim50°$)倾向北。矿化带断续延续 2000 m。总体上厚下薄,品位上富下贫。矿体整体上呈似层状、透镜状和串珠状。

矿化在空间上发生在 F_2 断层上盘 $0\sim40$ m,下盘除59线有铀矿化外,所有钻孔均未见铀矿化。

矿化与 F_3^2 断层的关系:①近断层面铀矿化富,远离逐渐变贫;②矿化的贫富与构造岩的碎屑化程度有关,碎屑越细铀越富,碎屑越粗铀越贫;③断层陡倾部位铀矿化富,缓倾部位铀矿化贫;④铀矿化赋存于 $410\sim170$ m处;⑤铀元素及伴生元素赋存于构造岩的黑色糜棱质胶结物中,砾石中铀含量较低。

在 F_3^2 断层上盘岩石中,硅化强者,铀矿化较好,无硅化者,一般无工业铀矿化。硅化岩石延伸不大,一般在 320 m 标高左右即逐渐尖灭,该层中的铀矿化也随之尖灭。

主矿体最大长度 320 m 左右,一般水平厚度 $10\sim30$ m,最大厚度 58.5 m。矿区平均品位 0.168%,按矿石类型,碳酸盐岩型平均品位 0.151%,硅酸盐型平均品位 0.189%,黏土型平均品位 0.095%;按岩性,灰岩破碎岩平均品位 0.015%,硅化破碎岩平均 0.024%,灰岩构造角砾岩平均品位 0.15%,硅化糜棱岩平均品位 0.154%,糜棱岩平均品位 1.252%。

3.1.4 矿石特征

矿石类型:包括碳酸盐型矿石(Ⅰ),硅酸盐型矿石(Ⅱ)(分高硅酸盐型矿石(Ⅱ₁)和中硅酸盐型矿石(Ⅱ₂)),黏土型矿石(Ⅲ)。

矿物成分:沥青铀矿,呈胶状、显微粒状,胶结状含铀玻璃蛋白石。含铀黑色物质:有机质、黄铁矿、黏土等混合物,为构造岩的胶结物,是该区主要开采对象,主要以吸附形式存在,少部分为独立矿物。含铀黄铁矿:胶结状、块状、脉状集合体,呈吸附状态,边缘有独立矿物。

脉石矿物:受岩性控制,Ⅰ类矿石以方解石、白云石为主,Ⅱ₁类矿石以黏土和碎屑石英为主,Ⅱ₂类矿石以石英为主,Ⅲ类矿石以黏土和褐铁矿为主。金属矿物以黄铁矿为主,包括沉积成因(粒度粗大,呈球粒状、团块状)和热液成因(呈微细粒浸染状)。

矿石结构构造:常见的构造有角砾状构造、条带状构造、显微角砾状构造,还可以见少量斑点状构造、细粒浸染状构造;常见的结构有胶结结构、变胶状及胶状结构、糜棱结构。矿石的组合形式有:碳酸盐岩-黑色物质-含铀黄铁矿,方解石-黄铁矿-沥青铀矿。

硅化岩石类型:常见的主要构造有块状、团块状、斑点状,少量细脉状、晶洞等;常见的结构有隐晶、微晶结构,交代结构,残余结构。矿石的组合形式有:石英-黑色物质-含铀黄铁矿,褐铁矿-玉髓-含铀蛋白石等。

3.1.5 围岩蚀变特征

围岩蚀变主要有硅化、黄铁矿化、白云石化等;硅化以交代反应式和交替式为主,交替充填式次之;黄铁矿化有立方体的黄铁矿、细脉状黄铁矿、角砾块状黄铁矿、细分散的黄铁矿和变胶状黄铁矿五种，前三者与铀矿化无关，后两者富含铀（附图 1～附图 13）。

含黄铁矿和硅的水胶体溶液带负电，对铀酰离子有吸附作用，硅化和黄铁矿化后，溶液中富含钙镁，当此溶液进入灰岩构造岩中，镁对灰岩中的钙置换后，发生白云石化。

构造岩中的有机碳、黏土、黄铁矿对铀沉淀起到很大的吸附作用以及还原作用。

3.2 普井屯矿点地质特征

3.2.1 地层

该矿点出露一套泥盆系和寒武系地层，泥盆系与寒武系地层为角度不整合接触或断层接触。

1. 寒武系

该区出露地层为边溪组（$\in b$），分布于矿区中北部。岩性自下而上分为：深灰色（风化后呈灰黄、褐黄、棕红色）薄层纹状泥岩、含粉砂质泥岩；青灰色（风化后呈棕红色、土黄色）块状或厚层状中—细粒岩屑石英砂岩及长石石英砂岩；青灰色（风化后呈褐灰色）厚层状细粒岩屑石英砂岩夹深灰色薄层状泥岩、粉砂质泥岩、深灰—黑灰色（风化后呈褐黄、灰白、灰色）薄—纹层状泥岩及少量含泥微晶灰岩；青灰色（风化后褐灰色）块状—厚层状细粒岩屑石英砂岩夹薄层状泥岩和粉砂岩；深灰色薄层泥岩夹薄层状泥质条带状灰岩、微晶灰岩、泥岩及厘米级条带状粉砂岩。该组与上覆泥盆系地层呈角度不整合接触，局部呈断层接触，未见底。

2. 泥盆系

（1）莲花山—那高岭组并层（$D_1 l\text{-}n$）。岩性主要为紫红色砂砾岩、砂岩、粉砂岩、泥岩及少量灰岩、生物灰岩、灰绿色泥页岩、粉砂质泥岩、泥质粉砂岩、粉砂岩，夹少量灰岩、泥灰岩透镜体；本地区下部为一套厚层状石英砂岩，与下伏寒武系呈角度不整合接触。本组岩石也是矿区内含铀矿岩层之一，厚约 200 m，分布于矿区中部及北部。

（2）郁江组（$D_1 y$）。岩性主要为黄褐、灰绿、灰黄、青灰（风化后呈灰白、灰黄色）绢云母泥质粉砂岩，粉砂质泥岩，细砂岩，黄绿灰绿色泥岩夹泥质灰岩，泥质胶结砾状砂岩，上部为生物灰岩、泥灰岩，局部有不稳定的薄层泥灰岩，含丰富的化石，厚度为 30～70 m。该组分布于矿区中西部，本层的铀含量高达 50×10^{-6}～70×10^{-6}，是主要的含矿层位之一。

（3）黄猄山组（$D_1 hj$）。主要岩性为深灰色中厚层白云质生物屑灰岩、深灰色厚层—块状含生物（层孔虫）白云岩、灰—黑灰色细晶白云岩。经岩矿鉴定：岩石为中晶结构，碎裂化结构，无定向构造；白云石 97%，方解石 2%～3%，水云母<1%，高岭石<1%，石英<1%。岩石中白云石呈细小他形粒状，粒度大小为 0.25～0.5 mm 的占大多数，粒间镶嵌分布；方解石呈细小不规则粒状，不均匀分布在白云石粒间；水云母呈显微鳞片状；高岭石呈尘状；石英呈细微粒状；它们不均匀分布在白云石粒间。该组厚度>100 m，主要分布于矿区南部。

（4）唐家湾组（$D_2 t$）。岩性主要为灰—灰黑色（风化后呈浅黄和浅红色）厚层状层孔虫灰岩、白云质灰岩、白云岩，底部常见泥质灰岩或泥灰岩，成分以碳酸钙为主，砂状结构，块状构造，局部具虫状构造，含化石。该组厚度大于 200 m，零星分布于矿区外围北部的小山包上。

3.2.2　岩浆岩

普井屯矿区西部见一沿北西向 F_3 断裂充填的灰绿色(风化后呈灰黄、灰白、暗红等色)中—基性岩脉，岩性有辉绿岩、霏细玢岩等，沿脉断续见有铀矿化。岩矿鉴定为强蚀变中性岩脉，显微鳞片变晶结构、变余半自形粒状结构，块状构造。原岩残留下来的矿物主要为长石、石英及微量黑云母；长石呈细小短板柱板状，部分长石可见环带构造(原来可能为斜长石)；石英呈细小他形粒状，黑云母及白云母呈细小叶片状；粒度不均匀，范围为 0.1～0.3 mm，不均匀混杂无定向排布。斑晶主要是石英，呈浑圆状，隐约见个别石英斑晶具熔蚀现象。蚀变生成的绿泥石、绢云母呈鳞片状，高岭石呈尘状，钠(更)长石呈细小他形粒状，它们不均匀混杂普遍交代原岩的各种矿物分布，其中绢云母、高岭石多交代长石分布；黑云母几乎已全被绿泥石交代。此外，在普井屯村桥下出露有未蚀变的辉绿岩脉。

3.2.3　构造

1. 褶皱构造

该区褶皱构造以那岭背斜为主，分布于矿区中部，其核部由寒武系组成，两翼由泥盆系中、下统组成，背斜轴向北东，北西翼有由几个小矿体组成的好屯铀矿点，南东翼有由一系列异常点带组成的井屯及江洞铀矿化点。

地表郁江组产状为倾向北西，倾角 30°～50°，但在坑道中倾向变为 145°，倾角 50°。该褶皱也是铀矿控矿的主要因素，该层位为地表铀矿化的主要控矿因素。区内多处地段见小型褶皱，特别是在构造两侧岩石扭曲很强烈，形成波浪形小褶皱。

2. 断裂构造

研究区断裂构造主要有北东向和北西向两组，其中又以北东向最为发育。北东向断裂主要有 F_1、F_2、F_4、F_5，并伴有较发育的次级构造。北西向断裂主要为 F_3，并伴有中—基性岩脉出露，主要断层分述如下。

F_4：为区域大断裂，呈北东向贯穿中部(大新铀矿床同处于此构造带上，区内出露约3700 m)，在井屯地段被 F_3 错断，倾向南东，倾角 30°～75°不等，上陡下缓，主要表现为强破碎带，充填有破碎岩、角砾岩等；在本区主要表现为切割山体呈陡壁，岩石强烈扭曲形成许多小皱褶并充填构造角砾和方解石脉，构造带内岩石普遍发育暗红色铁矿化并见有黑色锰质物。

F_5：为与 F_4 近乎平行的区域大构造(区内推测出露 2700 m)，其性质与 F_4 基本相同，区内寒武系与莲花山那高岭组并层就是以此断裂为接触带。因浮土覆盖厚，只能依据岩性不同进行界线推测。

F_1：位于矿区中西部，长约 2800 m，宽度为 5～20 m，走向北东东，倾角为 35°～60°，是逆断层，其上、下盘异常均较发育。该断裂构造在地表出露不明显，但在浅井及坑道中均有出现，构造内岩石破碎强烈且发育黄铁矿化、褐铁矿化、绿泥石化、碳酸盐岩化,局部见硅化,可以发现铀矿化。

F_2:位于矿区北部,与F_1平行,长约1100 m,多形成陡壁,倾向南东,倾角58°;在构造两侧的灰岩中见角砾及构造透镜体,有铁矿化发育,在粉砂岩中则形成许多与构造走向近乎一致的结核体。该构造与铀矿化关系不明显。

F_3:位于矿区西部,长度约4000 m,宽度为3~20 m,走向北西,是倾角较陡的断层,沿该断裂有中—基性岩脉出露,岩脉破碎及蚀变明显(以绿泥石化、铁矿化、磷矿化及局部硅化为主)。

3.2.4 围岩蚀变

区内围岩蚀变不强,仅在构造破碎带强烈的地段及层间破碎带内见有蚀变现象,主要有方解石化、红化(赤铁矿化、褐铁矿化)、黄铁矿化、硅化等,另据前人资料,在铀矿化发育地段还有一种不明成分的黑色蚀变物。与铀矿化关系密切的蚀变有黄铁矿化、褐铁矿化、方解石化等。

3.2.5 铀矿化特征

该区与已知的大新铀矿床受控于同一地质背景,相距仅10 km。根据含矿围岩分类,普井屯铀矿点属于碳硅泥岩型铀矿化。各种放射性地球物理场的控制因素及规模大小,视铀含量高低直接与矿化的贫富有关,主要是受层间破碎带和构造破碎带的控制,同时与方解石化、黄铁矿化、褐铁矿化、赤铁矿化有关。矿化受有利层位和构造双重控制。好屯村西南部铀矿化受F_1及层间破碎带控制;南部的江洞矿化点受郁江组与上伏黄猄山组的层间破碎带及F_3的次级断层、节理、裂隙所控制。

本区地表异常规模较大,连续性好;从一些矿化异常走向来看,主要是沿构造分布,与构造走向一致。

铀矿化与炭质、硅质、铁质、泥质有关,含矿岩性主要为黄铁矿化泥质粉砂岩、泥质砂岩。目前发现的铀矿物主要是黄绿色的铜铀云母(附图14),脉石矿物主要有黄铁矿、褐铁矿、方解石、石英等(附图15)。

3.3 雷屯矿点地质特征

该矿点位于区域二级构造单元南华活动带内的西南部右江褶皱系的靖西-都阳山凸起西南部;在区域上位于扬子陆块铀成矿省、大明山铀成矿带。

3.3.1 地层

区内出露的地层有寒武系、泥盆系及第四系,其中以泥盆系分布最广,岩性特征主要以碎屑岩为主,唐家湾组为碳酸盐岩,岩性岩相变化较大且有超覆沉积现象。寒武系的三都组、泥盆系的郁江组、唐家湾组均属区域性含铀层位。

1.寒武系三都组($\in_3 s$)

该组为化峒背斜核部,出露于中西部,面积约3 km²,主要为一套浅变质岩。由黄绿色含泥质板岩、深灰色含泥质板岩、炭质页岩或板岩夹砂岩、粉砂岩和薄层灰岩、泥灰岩和钙质泥板岩组成。在泥质板岩中局部地段含散星状、团块状铁红较多,有的铁染则沿层理分布,风化色多半呈紫红色、灰白色和灰黄色。

2.泥盆系(D)

区域内泥盆系分布最广,发育较全,下部为砂、泥质岩,上部为碳酸盐岩,与下伏寒武系呈角度不整合接触。

(1)那高岭组(D_1n):出露面积较小,与寒武系呈角度不整合接触,呈条带状分布在寒武系周边,主要由灰绿色、黄红色中薄粉砂质页岩和泥质粉砂岩组成,有时含少量钙质,受F_1影响,东部缺失。该组厚度约 36 m。

(2)郁江组(D_1y):整合接触于那高岭组之上,底部为灰色泥质页岩、泥质粉砂岩、粉砂岩,局部具星点状黄铁矿和微弱的绢云母化。往上为灰黑色钙质泥岩夹薄层灰岩、隐晶质灰岩透镜体,钙质胶结的石英细砂岩夹粉砂岩。自下而上为:下部以砂岩为主,上部以粉砂质泥岩为主,顶部为页岩或含钙质泥岩及泥灰岩,沉积物由碎屑岩逐渐变为碳酸盐岩。在F_2断裂发育部位岩石较为破碎,形成碎裂岩或破碎角砾岩,发育黄铁矿化和绢云母化,局部轻微硅化。黄铁矿多呈团块状,结晶程度好,部分成小立方体分布于岩石中,氧化后呈黄褐色,充填于岩层面上或裂隙中,形成褐铁矿化。中部雷屯—宁屯一带受F_1、F_3断层影响与寒武系断层接触。该组厚度约 50 m。

(3)唐家湾组(D_2t):整合接触于郁江组之上,分布在东南部,由灰岩和白云质灰岩组成,为中厚层状、黑色-深灰色白云质灰岩、生物碎屑岩,夹有硅质条带或团块。黄铁矿、方解石发育于岩石裂隙中,黄铁矿结晶程度好,肉眼可见结晶晶粒,产层孔虫、腕足类化石。白云质灰岩滴稀盐酸微弱反应,风化露头表面成刀砍状,局部强风化呈灰白色粉砂状,有点状淋积吸附型伽马异常。在其底部及与郁江组接触部位因构造的作用产生层间破碎,为含铀层位。该组厚度约 230 m。

(4)融县组(D_3r):整合接触于唐家湾组之上,为中厚层状、薄层状浅色灰岩,带微红色,花斑状结构,具层状构造,缝合线亦较发育。该组厚度为 270~553 m。

3.第四系(Q)

第四系为残积、坡积、冲积物,主要为含砾石黏土、砂质黏土,多分布于小河两岸岩溶发育的谷槽和小盆地内。该组厚度 12~20 m。

3.3.2 矿区构造

该矿点构造主要为褶皱构造和断裂构造。

1.褶皱

褶皱构造为化峒背斜,分布在中部,呈短轴状,轴向310°,长约 12 km,宽约 5 km。核部由寒武系三都组组成,两翼依次为下泥盆统那高岭组、下泥盆统郁江组、中泥盆统唐家湾组和上泥盆统融县组组成。背斜的北东翼在北西向F_3、南北向F_1断裂的影响下,地层出露不完整,造成那高岭组和郁江组地层的断失。

2.断层

矿区断裂构造主要发育化峒背斜周边。F_3为本区主要区域构造带,F_1、F_2、F_{3-1}、F_4等断裂带为次级构造带,

F_3:北西—南东贯穿研究区,南东往化峒、北西向靖西延出,长达 15 km,宽50~

100 m。走向北西—南东，倾向北东，倾角 50°～80°，往深部倾角变缓。地貌呈负地形，大部分被第四系覆盖。构造岩为切割围岩碎裂岩，充填物有方解石、角砾岩。中北部规模较大，特别是典屯一带，造成那高岭组、郁江组地层缺失，至使上泥盆统融县组与寒武系三都组含泥质板岩直接接触，断距较大，从一百至数百米不等，往南经贺屯规模逐渐变小；次级构造较为发育，为构造作用力逐渐分散的结果；有 F_1、F_2、F_{3-1}。走向上有膨大缩小变化，倾角由浅往深变化较大，性质属张扭性正断层。

F_1：位于 F_3 西部，为 F_3 次级构造，向北于典屯北西部与 F_3 交汇，往南至萎屯附近逐渐消失，全长约 3 km，走向近南北，倾向 95°～105°，倾角 60°～75°。沿带造成部分那高岭组、郁江组地层断失，在中部林屯一带寒武系三都组直接与唐家湾组构造接触。

F_2：位于 F_1 和 F_3 之间，近南北走向，倾向东，倾角 50°～75°，往深部逐渐变陡。在雷屯村往南至云屯村一带出露，切穿郁江组、唐家湾组地层，长约 1.6 km。北段规模较大，往南规模变小，破碎程度较 F_1、F_3 强，为含矿构造带。

F_{3-1}：为 F_3 次级构造，平行 F_3 发育，倾向北东，倾角较陡，在北部天富村一带出露，为正断层，使部分地段唐家湾组变薄或者断失。

F_4：位于南部苗屯，近东西走向，倾向南西，发育于郁江组与唐家湾组接触部位，为层间构造，下盘郁江组地层倾角较陡，约为 35°～48°，上盘唐家湾组倾角较缓，约为 15°～30°。因其规模较小，擦痕明显，局部因构造牵引引起褶皱。

上述 F_1、F_2、F_3、F_{3-1} 都具有层间破碎的构造特点，尽管造成落差较大，并使有些地层缺失，但破碎程度较差，影响范围不广，沿走向和倾向变化较明显。F_4 为矿区南部的横向构造，呈裂隙型产出；由于该构造倾角较缓，导致矿区南部区域地表氡浓度异常规模较大。

3.3.3　热液活动和围岩蚀变

研究区内热液活动微弱，蚀变主要为绢云母化、黄铁矿化、硅化和方解石化。与铀矿化有关的蚀变主要为硅化、黄铁矿化、白云石化。

(1)硅化：主要为 SiO_2 交代岩石中的方解石、白云石、云母，或裂隙充填交代，强烈硅化可形成微石英岩。

(2)黄铁矿化：矿石中有多种形式的黄铁矿，铀矿化主要与胶黄铁矿关系密切。

(3)白云石化：使岩石中白云石大量增加，甚至可以变成交代白云岩，白云石化岩石铀含量增高。

3.3.4　矿带、矿段特征

1. 产出特征

该矿点的产出特征如下：①放射层位置相似，大部分放射层均位于唐家湾组中下段，距离唐家湾组底部与郁江组分界处约为 20～70 m；②放射层岩性相似，为黑色含炭质灰岩、白云质灰岩，该特征与大新矿床具有类比性，就本区而言，该类型矿化意义较大；③放射层物质成分相似，均含有发育不规则的方解石细脉，初步判断白云质灰岩和灰岩中的异常主要与方解石脉的淋积、吸附有关，且成点状；④放射层附近均有一条构造经过。

2.分布规律

矿区内的异常点(带)主要沿唐家湾组与郁江组接触部位分布,受层位和构造控制明显,特别是与唐家湾组含炭质白云岩、白云质灰岩关系密切。

3.矿区铀矿化控制因素

矿区伽马异常点(带)围绕寒武系穹窿分布,主要赋存于郁江组与唐家湾组地层中或接触部位,矿化体受层位和构造控制明显,特别是与唐家湾组含炭质白云岩、白云质灰岩关系密切。

铀矿化主要赋存于唐家湾组下部的灰岩、白云质灰岩中,次为郁江组上部泥岩、泥质粉砂岩为原岩的构造岩中。

构造上:①铀矿化赋存于 F_2 与 F_3 构造断裂破碎带倾角由陡变缓地段,构造与构造岩影响着铀矿化的产出,矿化主要富集于规模大、破碎程度高、岩性复杂的构造中;②钻孔异常段或矿化段上下均有构造经过,矿化或位于构造中,或位于构造附近的岩石裂隙中。

本区铀矿化受岩性层位(D_1y 与 D_2t 接触带)和断裂构造的控制。铀矿化主要赋存在次一级的断裂构造带中。

3.3.5 矿体特征

根据 ZK203 和 ZK115 揭露情况来看,矿体位于矿区中部雷屯 F_3 与 F_2 构造破碎带间应力集中部位,标高为 490~590 m,成因上受褶皱和断裂构造控制明显,即矿化体赋存于控矿构造化峒背斜东侧与断裂构造 F_3、F_2 复合部位。铀矿体呈透镜状、规模小,受ZK203、ZK115 两个工程控制,两工程见矿斜距为 132 m,标高分别为 590 m 和 490 m。矿化体视厚度最小 80 cm,最大 1 m,品位最高 0.053%,最低 0.0302%。产状倾向 85°~90°,倾角约 48°,与构造产状相近。

该区铀矿化与断裂破碎带有密切的关系,ZK203 所见到的矿化即为唐家湾组白云质灰岩构造岩中的矿化。

3.3.6 矿石物质成分

矿区主要的含矿岩性有下述三种。

(1)粉砂质泥岩。主要成分为泥质物(60%),其次为粉砂级的石英(20%)和绢云母(15%),局部石英有再生加大现象,还含有较大的白云母(5%)碎片,为粉砂质、泥质结构,具轻微的硅化。

(2)含碳质灰岩破碎岩。破碎岩主要成分为黑色含炭质灰岩,污手,破碎后由方解石及黑色有机质胶结。

(3)粉砂质碎裂岩。岩石为粉砂岩碎裂造成,由含炭质的粉砂岩胶结硅化的粉砂质泥岩团块,属碎裂结构,具轻微硅化。

大部分矿石都伴生有黄铁矿化、绢云母化和硅化。

对矿区矿石物质成分的主要认识有以下几个方面。

(1)矿区地质特征是以寒武系老地层为核部,泥盆系新地层与之角度不整合接触的北西—南东向的短轴背斜(或穹窿)—翼(东北翼)被区域断裂沿背斜走向斜切,在局部受动力作用产生拐弯，且产生几条次级断裂与其相切的"背斜加断裂"的地质模式。

（2）矿区所发现的伽马异常点（带）均分布在围绕寒武系穿窿边缘的郁江组和唐家湾组地层及构造破碎带中，通过对这些伽马异常点（带）的揭露，这些伽马异常点（带）附着岩石的岩性为黏土、方解石脉、黏土夹硅质岩碎屑、构造碎裂岩等。其中雷屯矿化体岩性就属于夹白云质灰岩及石英粉砂岩的构造碎裂岩，也是本区重要的含矿岩性。

（3）矿体延倾向和走向都有延伸，但品位降低，矿体呈透镜体状，规模较小。F_3 构造规模较大，情况较复杂，存在多期次构造活动迹象、有一定储矿空间，但铀源来源不充分，成矿远景不理想。F_2 往深部变陡，钻孔未能揭露到，成矿远景无法预期。

（4）铀矿床形成的基本模式是：铀源—铀的活化迁移—铀的储集。从基本模式的三个方面出发，矿化的分布规律与大新矿床具有一定的相似性，但又具有其自身特点：①地质条件上在化峒背斜一侧被断层斜切的构造叠加部位是本区重要的找矿标志之一；②矿体位于构造带中部应力集中部位，特别是次级构中；③郁江组与唐家湾组为本区的主要含矿地层，两地层间的层间破碎带见矿化，特别在次级构造裂隙切层而过地段为铀矿的运移及富集提供了空间；④与矿体有关的蚀变主要有黄铁矿化、硅化、绢云母化等，它们也是找矿的重要标志。

（5）虽然本区区域地质背景良好，但是从目前揭露的情况看来，雷屯矿点标高 200 m 以上铀成矿远景不理想，标高 200 m 以下地段因目前工作程度未能进行研究，故其成矿远景无法预期。不排除未揭露到富集含铀层的情况，也不排除含铀层富集后流失的可能。

3.4 巴江矿床地质特征

3.4.1 地层岩性特征

矿区出露的地层有寒武系、泥盆系、石炭系和第四系，其中泥盆系地层发育比较完全，为本区主要地层。

1. 寒武系三都组（$\epsilon_3 s$）

该组在矿区东部和中部巴仕屯以东有少量出露，呈条带状分布，为浅变质泥岩夹灰岩透镜体、板岩，浅灰色、灰绿色。主要成分为绢云母、绿泥石等，变余结构，板理构造，滑感较强，具弱丝绢光泽，寒武系未揭露完全，总厚度大于 100 m。

2. 泥盆系（D）

该区泥盆系地层广泛出露，包括莲花山组、那高岭组、郁江组、黄猄山组、北流组及榴江组。

（1）莲花山组（$D_1 l$）。在矿区东部和中部巴仕屯以东有少量出露，呈条带状分布。莲花山组是九十九岭背斜的核部地层，倾向北西，倾角 $30°\sim45°$，主要为钙质泥岩偶夹灰岩透镜体、砂岩、粉砂岩、石英砂岩，底部见有含砾石英砂岩。该组厚度为 $122\sim148$ m。

钙质泥岩：浅灰绿色、暗紫红色、灰白色，主要成分为黏土矿物，次为钙质，泥质结构，水平层理构造。室内鉴定：岩石中绢云母及水云母、高岭石呈显微鳞片状，二者混杂无定向排布。方解石呈细微及细小他形粒状，白云石呈细小他形及半自形粒状，石英呈细小他形粒状、自形柱状，不均匀分布在绢云母及水云母、高岭石鳞片间。其余微量矿物零星可见。

石英砂岩：浅灰绿色，主要成分为石英，砂状结构，块状构造，见有黄铁矿。

（2）那高岭组（D_1n）。出露在矿区中部巴仕屯以东和矿区东北部，呈条带状分布，倾向 300°～350°，倾角 35°～48°，主要为泥岩（页岩）、钙质泥岩、泥质灰岩、泥岩、粉砂岩、含细砂泥质灰岩、泥质粉砂岩夹灰岩透镜体。该组厚度为 122～216 m。

钙质泥质粉砂岩：灰绿色、灰白色，主要成分为黏土矿物，次为钙质，泥质结构，水平层理构造。岩石由碎屑物、杂基、胶结物组成。碎屑物约占 65%，主要为石英（包括少量石英集合体、硅质岩岩屑），微量白云母、绿泥石、电气石、锆石，除白云母、绿泥石呈碎片状外，其余的均呈棱角状，尺寸 0.06～0.2 mm 的居多，还有部分为 0.03～0.06 mm，粗细碎屑物不均匀混杂无定向排布。杂基主要为显微鳞片状的绢云母及水云母、高岭石，胶结物主要为细小他形粒状的方解石、白云石。杂基和胶结物不均匀混杂胶结分布在上述碎屑物间。不透明矿物呈细小自形的立方体及他形粒状，金红石呈显微粒状，它们或聚集或分散分布在岩石中。

泥岩：灰白色、灰绿色，主要成分为黏土矿物，泥质结构，水平层理构造。

含细砂泥质灰岩：岩石中方解石呈细小他形粒状，尺寸主要为 0.03～0.06 mm，还有部分为 0.004～0.03 mm（少部分因不均匀重结晶，粒度还稍为粗大些），粒间镶嵌分布。显微鳞片状的绢云母及水云母、隐晶质尘状的高岭石、隐晶质的褐铁矿、部分石英呈棱角状碎屑（大小主要在 0.06～0.25 mm）或细小他形状不均匀分布在前述的方解石粒间，使岩石呈"角砾状"、"斑杂状"。其余微量矿物零星可见。多条不规则方解石微脉（推测由成岩阶段形成裂隙并被后期方解石填充形成）穿插岩石。

（3）郁江组（D_1y）。主要分布在九十九岭背斜的北西翼，自矿区北东至南西呈间断式条带状分布，总体倾向北西，倾角 40°左右，主要为泥岩、粉砂质泥岩、变质含泥粉砂－细砂岩、含钙含白云石泥岩、含炭含粉砂钙质泥岩、泥质粉砂岩夹钙质粉砂岩、泥灰岩、钙质泥质粉砂岩。该组厚度为 34～250 m。郁江组为巴江矿区主要含矿层位。

泥岩：风化面为灰绿色，新鲜面为灰白至灰黑色，主要成分为黏土矿物，具水平层理，手触滑感强。

粉砂岩：灰色、灰白色、灰黑色，主要成分为石英，砂状结构，具水平层理。

泥灰岩：灰色、灰白色，主要成分为方解石，次为黏土矿物，隐晶质结构，块状构造。

变质含泥粉砂-细砂岩：岩石由碎屑物及胶结物两部分组成。碎屑物约占 80%，主要为石英（包括少量含泥硅质岩岩屑），微量白云母、电气石、锆石，多呈棱角状，大小较为均匀，主要为 0.06 mm 左右，无定向排布。胶结物主要为显微鳞片状的绢云母、高岭石，二者混杂胶结碎屑物分布。白云石呈细小半自形粒状，零星分布在石英碎屑及绢云母鳞片间。不透明矿物呈细小半自形粒状，均匀分布在岩石中。受变质作用的影响，岩石发育一些劈理，局部地方绢云母也略定向排布。

含钙含白云石泥岩：岩石中绢云母及水云母、高岭石呈显微鳞片状，不均匀混杂无定向排布。白云石呈细小半自形及自形的菱形，方解石呈细小及细微他形粒状，石英呈细小他形粒状，不均匀分布在绢云母及水云母、高岭石鳞片间。不透明矿物呈细微粒状，或聚集或分散不均匀分布在前述矿物粒间。其余微量岩石零星可见。岩石中有少量由方解石、石英各自或单独组成的生物碎屑不均匀分布。

含炭含粉砂钙质泥岩：岩石中绢云母及水云母、高岭石呈细微鳞片状；方解石呈细小及细微他形粒状，大小主要为 0.03～0.06 mm，还有部分为 0.06～0.2 mm；石英大部分呈细小棱角状碎屑（大小主要为 0.02～0.06 mm），还有部分呈细微粒状；白云石呈细小自形的菱形；不透明矿物呈细微自形及半自形的立方体，部分呈质点状；炭质呈质点状或微纹状。上述矿物不均匀混杂成不规则微层炭质及不透明矿物常聚集成定向排布的微纹（与绢云母及水云母的定向一致），这些微纹层相间排布，形成岩石的微层状构造。其余微量矿物零星可见。多条方解石微脉穿插岩石。

（4）黄猄山组（D_1hj）。在九十九岭大背斜的两翼及倾伏部位大面积出露，产状较缓，倾向 290°～350°，倾角 5°～30°，主要为中厚层状白云岩、细中晶白云岩、残余灰质细晶白云岩、粉晶细晶白云岩、灰质白云岩、白云质灰岩、灰岩、炭质灰岩夹生物碎屑灰岩。该组厚度为 49～350 m。

白云岩：灰色，主要成分为白云石，细晶、微晶、粉晶结构，块状构造。

细中晶白云岩：岩石中白云石呈细小他形粒状，大小主要为 0.25～0.5 mm，其次为 0.06～0.25 mm，粒间镶嵌分布。其余微量矿物零星分布在白云石粒间。

残余灰质细晶白云岩：原岩由粒屑及填隙物组成，粒屑主要为砂屑，少量生物碎屑，砂屑呈浑圆状，生物砂屑呈碎长条状、浑圆状、碎片状，粒屑多由细微及细小他形粒状的方解石组成，部分生物碎屑由单个粗大的方解石组成，个别生物碎屑由方解石及石英组成。粒屑大小主要为 0.06～2 mm，无定向排布。粒屑间被细微粒状的微晶及亮晶（可能由重结晶或高能环境形成）方解石填充胶结。白云石呈细小半自形粒状，粒度大小主要为 0.06～0.25 mm，及不均匀同生交代方解石，使得岩石呈斑团状。不透明矿物呈细微粒状不均匀嵌布在白云石粒间。其余微量矿物零星可见。多条方解石微脉穿插岩石。

粉晶细晶白云岩：岩石中白云石呈细小他形粒状，粒度大小主要为 0.06～0.25 mm，还有部分为 0.03～0.06 mm，粒间镶嵌分布。其余微量矿物零星可见。零星见数粒粗大的生物碎屑轮廓（由单粒白云石组成）散布在岩石中。多条方解石微脉、白云石微脉穿插岩石。

白云质灰岩：灰白色、灰色，主要成分为方解石，隐晶质结构，块状构造，滴稀盐酸起泡，但不剧烈。

灰岩：灰白色、灰色，主要成分为方解石，隐晶质结构，块状构造。

炭质灰岩：灰黑色，主要成分为方解石，次为炭质，隐晶质结构，块状构造，手触污手。

生物碎屑灰岩：灰白色，主要成分为方解石，隐晶质结构，块状构造，岩石中发育有生物碎屑，主要生物为层孔虫，少量为贝类。层孔虫被方解石交代，呈白色，短柱状。

（5）北流组（$D_{1-2}b$）。在背斜的两翼呈条带状出露，北西翼岩层倾向北西，倾角 20° 左右，东南翼倾向东南，倾角 15°～50°，主要为厚层—中厚层状生物屑灰岩、生物碎屑白云岩、生物屑藻砂屑灰岩、生物灰岩夹微晶灰岩。该组厚度约为 1000 m。

生物碎屑灰岩：浅灰色、灰色、灰白色，主要成分为方解石，隐晶质结构，块状构造。生物碎屑主要为层孔虫。

弱白云石化不等晶灰岩:岩石中方解石呈细小他形粒状,粒度大小为 0.004~ 1.5 mm,粒间镶嵌分布,其中较粗大的方解石常聚集成不规则的斑团状分布。白云石呈 细小他形粒状,也常聚集成不规则的斑团状同生交代方解石。其余微量矿物零星分布在 岩石中。

(6)榴江组(D_3l)。在矿区东南部呈条带状分布,产状较缓,倾向东南向,倾角 30°左 右,主要为硅质岩、硅质泥岩、含锰硅质泥岩。该组厚度为 20~240 m。

硅质岩:灰色,主要成分为二氧化硅,隐晶质结构,块状构造。

硅质泥岩:灰白色,主要成分为黏土矿物,泥质结构,水平层理构造。

含锰硅质泥岩:灰黑色,主要成分为黏土矿物及锰矿物,泥质结构,水平层理构造, 手触污手。部分地段形成锰矿化层,锰矿化层一般与硅质岩、硅质泥岩呈平行交互产出。

榴江组中褶曲很发育,且不规则。

3. 石炭系(C)

该区石炭系地层仅在矿区东南角少量出露有巴平组、南丹组。

(1)巴平组($C_{1-2}b$)。灰色、深灰色薄至中层状硅质条带微晶灰岩、生物屑灰岩、砾屑 灰岩,局部夹含锰硅质岩。该组厚度约 150 m。

(2)南丹组(C_2pn)。主要为深灰色中薄层夹厚层微晶灰岩、生物屑泥晶灰岩夹生物 砾屑灰岩夹含硅质条带和团块。该组厚度大于 100 m。

4. 第四系(Q)

研究区在第四系时为残积、坡积、冲积物,主要为含砾石黏土、砂质黏土。

3.4.2　构造特征

巴江矿区的主要构造是把荷背斜中段的九十九岭背斜及其西南倾伏端的次一级褶 皱——巴江背斜、足翁背斜、巴仕背斜以及伴随褶皱构造产生的断裂构造。背斜与断裂 在成因上、空间分布上都有极其密切的关系,并严格地控制了巴江矿区的矿化(图 3-3)。

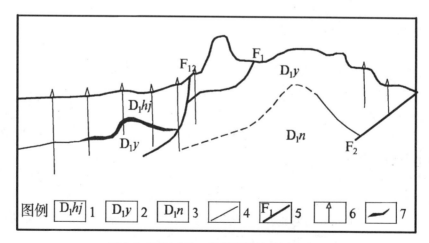

图 3-3　巴江矿床 8 号勘探线地质剖面略图

1. 黄猄山组白云岩; 2. 郁江组泥岩、粉砂岩; 3. 那高岭组泥岩、粉砂岩;
4. 地层界线; 5. 构造及编号; 6. 钻孔; 7. 铀矿体

1. 褶皱构造

(1)九十九岭背斜：为该区主要的褶皱，属于把荷背斜中段，起于九十九岭，从北东向西南延至赖屯—巴仕一带，呈波状倾伏，其走向北东东，与区域构造线方向一致，全长达数公里。背斜核部由寒武系、泥盆系的莲花山组地层组成，两翼分别由泥盆系那高岭组、郁江组、黄猄山组、北流组、榴江组以及石炭系地层组成。背斜两翼地层的对称性较好，南翼倾角一般为 $40°\sim45°$，北翼倾角一般为 $36°\sim40°$，属正常褶曲。

(2)巴江背斜：在九十九岭背斜西南倾伏部位，是九十九岭背斜的次一级褶曲，是巴江矿区主要的控矿构造，在褶曲形成的层间破碎带中形成了工业矿体。巴江背斜南西起于 23 号勘探线，至 1 号勘探线则往北东倾伏，到 38 号勘探线则逐渐隆起，至 52 号勘探线后消失，延伸长约 1500 m，宽达 400 m，其核部为那高岭组、郁江组等地层，两翼为黄猄山组等地层。轴线方向 $58°\sim62°$，从 $1\sim20$ 号勘探线倾伏角 $20°\sim25°$，但其褶皱程度沿其轴线方向发育程度不一，使得区内矿化不均匀。

(3)足翁背斜：发育在巴江矿区的西南部，全长 2200 m，宽约 300 m，轴向为北东东。核部隆起成山脊，由郁江组地层组成，两翼为黄猄山组和北流组地层，两翼岩层产状比较平缓，一般为 $20°$ 左右，脊线呈舒缓波状，向西南和北东两端倾伏。足翁背斜的特征与巴江背斜很相似。

巴江矿区除九十九岭背斜规模较大外，其余背斜为其向南西倾伏的波状隆起和两翼的分支，规模不大。以地形平缓圆滑，垂直轴向的冲沟(有的成冲积扇)发育为特点，如楔块自北东至南西贯入灰岩之中。

2. 断裂构造

巴江矿区断裂构造发育，依其走向可分为两组：一组走向北东，与九十九岭背斜走向一致，另一组走向北西，与该背斜斜交。与矿化有关的主要有 F_1、F_{15} 等断裂构造。

(1)F_1：与背斜有密切的联系，是随着背斜褶皱形成而同期形成的。褶皱构造形成时，由于层间滑动而产生的黄猄山组与郁江组地层之间的层间破碎。F_1 存在于黄猄山组与郁江组的接触部位，在地表表现为弯延曲折的形态，总体走向北东—南西，向南西方向延伸到足翁。F_1 在深部呈波状起伏，延伸很广，钻探工程揭露情况显示，沿北东—南西走向延伸超过 3500 m，沿北西倾向延伸超过 1000 m。靠近背斜核部时产状较陡，向北西方向产状趋于平缓。最大断距在 100 m 以内。断层上盘为黄猄山组，下盘为郁江组地层，性质为正断层。未见缺失地层现象，只是局部岩层厚度变薄。

F_1 是该区最重要的含矿破碎带。该破碎带一般厚 $5\sim40$ m，最厚达 60 m。铀矿化主要分布在 F_1 破碎带内。破碎带规模和破碎强弱变化较大，矿化也随之变化，在规模较大、破碎较强的部位有较好的铀矿化。

(2)F_2：与九十九岭背斜的轴向一致，沿北东走向延伸长约 4000 m，宽 $5\sim10$ m，断距 200 m 以内。产状一般倾向 $320°\sim340°$，倾角上陡($50°\sim60°$)下缓($15°\sim30°$)，断切割黄猄山组、郁江组、那高岭组等地层，在其通过的部位不同程度地引起缺失郁江组、那高岭组地层，或将这些地层产状错乱或使其厚度变薄。

(3)F_3：发生于九十九岭背斜的核部，与背斜的起伏密切相关，呈波状延伸，在赖屯东、西两侧和足翁西南侧最为强烈，可见明显的断层崖、断陷洼地和沟谷、形成陡峭地形、雁行排列的灰岩山峰，地表造成地层缺失，沿北东—南西走向延伸，在矿区内自赖屯以东经赖屯、巴仕向西南延伸至足翁西南，果里以西，贯穿整个矿区，因第四系覆盖，断续出露。全长约 14 km，断距 450 m，局部形成大的破碎带，是区域性大断裂，展布上拐弯曲折，分支重合，拐弯段旁侧派生次级断裂、裂隙发育，实际上为一断裂带组。总体走向北东，倾向 160°，倾角 60°～75°，上盘下降，下盘上升，属正断层，为该区主干构造。

(4)F_4：发生于九十九岭大背斜的南东翼，沿北东—南西走向曲折延伸，经那荷、甲柳贯穿整个矿区的东南部，向两端延伸出图外。全长约 13km，断距 550m，是区域性大断裂。总体走向北东，倾向南东，倾角一般为 50°～70°，上盘下降，下盘上升，属正断层，为该区主干构造。

(5)F_5：位于足翁西侧，足翁背斜的北西翼，向南西延伸到图外，北东延伸至足翁屯北，全长约 1700 m，宽约 10 m。在地表可见 F_5 明显地切割黄猄山组地层。性质属正断层，形成时间晚于 F_1 和 F_2。倾向北西，倾角较陡，为 65°左右。断层上下盘岩石破碎不明显，仅局部见有破碎现象。断距 200 m 左右。F_5 的特征与 F_{12} 的特征很相似。

(6)F_8：位于巴江东部，巴江背斜的北西翼，沿北西—南东走向延伸，且截断 F_2，形成时间晚于 F_2。全长约 900 m。

(7)F_9：位于赖屯西侧，沿北北西—南南东轴向延伸，全长约 950 m，切断 F_2 与 F_{12}，形成时间晚于 F_2 与 F_{12}。倾向南西西，倾角较陡，为 72°，属正断层。

(8)F_{12}：位于巴江背斜南东翼，距巴江背斜轴 110～170 m，向西延伸到郁江组，北东延伸到 32 号勘探线逐渐消失，全长约 1200 m。在地表可见 F_{12} 明显地切割黄猄山组、郁江组等地层。性质属正断层，形成时间晚于上述的 F_1。其倾向 330°～350°，倾角 70°～80°。断层上下盘一般岩石破碎不明显，仅局部见有破碎现象。断距 100 m 左右。由于 F_{12} 的影响，巴江背斜南东翼至其附近，产生较明显的翘起、拖拉现象，因而破坏了巴江背斜南东翼的正常延伸。但由于该区矿化仅赋存在背斜的核部及其近侧，所以 F_{12} 对该区矿体没有起到明显的破坏作用。

(9)F_{13}：位于赖屯西侧，与 F_9 平行，全长约 600 m，切断 F_3，形成时间晚于 F_3，性质为正断层，倾向南西西，倾角 70°。

(10)F_{14}：位于足翁西南侧，足翁背斜的南东翼，总体走向北东东向，长约 1000 m。F_{14} 切割黄猄山组和郁江组地层，性质属正断层。倾向南南东，倾角较陡，70°左右。F_{14} 与 F_{15}、F_3 的挟持区见有伽马异常、氡浓度异常、^{210}Po 异常及水化异常。

F_{15}(原 F_3 断裂构造西段分支)：位于足翁西南到怀安，全长约 3200 m，断距约 450 m，局部形成大的破碎带，是区域性大断裂，可见明显的断陷洼地和沟谷、地形陡峭，地表造成地层缺失。旁侧派生次级断裂、裂隙发育。总体走向北东，倾向南东，倾角一般 85°，上盘下降，下盘上升，属正断层，为该区主干构造。对该区铀成矿有较大的作用，其次级断裂构造及沿其展布方向发育的岩溶构造对铀成矿有利。足翁矿体与其有着密切的关系(图 3-4)。

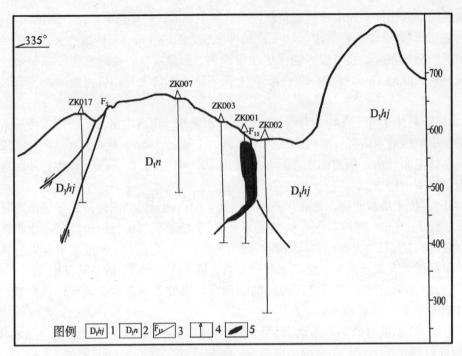

图 3-4　巴江矿区足翁矿体与 F_{15} 密切相关

1. 黄猄山组白云岩；2. 那高岭组泥岩、粉砂岩；3. 构造及编号；4. 钻孔；5. 铀矿体

3.4.3　铀矿化特征

巴江矿区的铀矿化主要受构造控制。矿区内巴江背斜及伴随褶皱产生的 F_1 在成因上、空间上的分布都有极其密切的关系，并严格地控制了巴江矿区的铀矿化。矿体的产状、形状随背斜和 F_1 的变化而变化：矿体的产状和背斜两翼产状一致，倾向为 $125°\sim$ $137°$ 和 $324°\sim342°$ 两组，倾角一般 $25°\sim30°$。矿体规模与背斜褶皱和 F_1 的作用强度密切相关，矿化不均匀，沿矿体的走向、倾向变化无一定规律。

巴江矿区地层简单，主要为泥盆系，其中包括莲花山组、那高岭组、郁江组、黄猄山组、北流组和榴江组。矿区内有利成矿的地层岩性是郁江组的泥质粉砂岩。

巴江矿区铀矿化与构造岩的关系另一特征是：以破碎岩含矿为主，构造角砾岩次之。

3.4.4　矿体特征

1. 矿体的空间分布

巴江矿区的矿体在空间位置和成因上严格受褶皱和断裂构造的控制。主要的控矿构造是巴江背斜，以及伴随褶皱构造产生的 F_1 等断裂构造。矿体主要赋存于背斜核部及黄猄山组与郁江组之间的层间破碎带中。

2. 矿体的形态

矿体的形态受背斜和断裂构造的控制，由于控矿构造的形态变化较大，矿体的形态也随之而变化，主要呈现为透镜状、似层状、团块状、柱状等。

3. 矿体的产状

巴江矿床的矿体产状和背斜两翼岩层的产状基本一致，倾向为 $125°\sim137°$ 和 $324°\sim$

342°两组，倾角一般 25°～30°。但由于背斜控制作用，背斜核部隆起的强烈地段，F_1 产状陡，矿体产状也变陡，而在背斜两翼 F_1 产状变缓，矿体倾角也变缓；背斜向北东方向倾伏，矿体在纵剖面上也随之倾伏。另一方面表现在矿体规模和背斜褶皱、F_1、F_2 三者的作用强度密切相关，矿体就产于该三者共同作用所形成的产物——$(D_1hj \sim D_1y)$ 层间破碎带内。

足翁地区矿体产于 F_{15} 控制的 $(D_2y \sim D_1n)$ 含矿破碎带内，明显受 F_{15} 控制，呈柱状，沿走向倾向都很快尖灭。矿体产状：倾向 330°～340°，倾角 50°～62°。

3.4.5　矿石特征

1. 含矿岩性

巴江矿区主要的含矿岩性有七种。

粉砂质泥岩破碎岩：风化面为灰绿色，新鲜面为灰白至灰黑色，主要成分为黏土矿物，次为石英，泥质结构，水平层理构造，手触滑感强，有少量的黄铁矿，黄铁矿呈结晶块状、细分散状，不均匀地分布在矿石中。矿石破碎，胶结不牢，胶结物主要为泥质。

白云质灰岩角砾岩：灰白色、灰色、深灰色，角砾状构造，角砾为具隐晶质结构、块状构造的白云质灰岩，主要成分为方解石。胶结物为泥质物，有褐铁矿化。

含泥质粉砂岩破碎岩：浅灰色、灰色，致密坚硬，破碎，主要成分为粉砂粒级石英，泥质物，并有少量的黄铁矿，其中黄铁矿呈结晶块状、细分散状，不均匀地分布在矿石中。矿石破碎，胶结不牢，胶结物主要为泥质，次为铁质。

含泥质粉砂岩：呈浅灰色，致密坚硬，成分主要为粉砂粒级石英，其次为黏土矿物和绢云母，有少量的黄铁矿，呈结晶粒状、分散状，不均匀地分布在岩石中，具粉砂结构，块状构造。在镜下未见到铀的独立矿物，见有黄铁矿和少量的辉铜矿。黄铁矿呈细脉状、结晶块状，辉铜矿与黄铁矿共生在一起，并交代黄铁矿，使黄铁矿仅留残晶。

泥质粉砂岩破碎岩：浅灰色，致密坚硬，主要成分为粉砂粒级石英，黏土矿物和绢云母。岩石破碎，在破裂处有黄铁矿充填。地表已氧化成褐铁矿，具破裂结构。在镜下没有见到铀的独立矿物，在光片的感光处见到较多的黄铁矿呈结晶块状、细小粒状，以及呈细小粒状、分散状分布的少量闪锌矿。

含硅质泥质粉砂岩破碎岩：浅灰色，性硬而脆，碎屑物成分为粉砂粒级石英，胶结物由黏土矿物、绢云母以及黄铁矿组成，具破碎结构，块状构造。

硅质泥质粉砂岩构造角砾岩：浅灰色，具角砾状构造，破裂结构。成分主要为石英，黄铁矿及少量黏土矿物、绢云母。其中硅质和黏土矿物主要以胶结物出现。在镜下未见到铀的独立矿物，只见到少量细粒状结晶状黄铁矿和闪锌矿。黄铁矿与该种闪锌矿无相依关系。

2. 铀矿石类型和品级

巴江矿床的矿石以硅酸盐型矿石为主，碳酸盐型矿石次之。

硅酸盐型矿石有含泥质粉砂岩破碎岩、含泥质粉砂岩、泥质粉砂岩破碎岩、含硅质泥质粉砂岩破碎岩、硅质泥质粉砂岩构造角砾岩、页岩破碎岩等。

碳酸盐型矿石有白云质灰岩角砾岩、角砾状灰岩破碎岩等。

巴江矿区矿体的平均品位为 1340×10^{-6}，为中品位矿石，但矿化不均匀，沿矿体的走向、倾向变化无一定规律。矿体品位变化与其厚度也有一定关系，其中矿体厚度在0.5~0.7 m 或大于1.5m的矿体品位高，厚度在0.7~1.5 m 的矿体品位低。褶皱程度和破碎带的强弱不同，矿体的品位也有所不同。

足翁矿点的矿体均为单工程控制，矿化不均匀，最高品位 4290×10^{-6}，达到高品位（富）矿石。

3.4.6 矿床成因及找矿标志

1. 矿床成因

巴江地区是泥盆纪沉积区。沉积环境经历了从早到晚、距岸边由近到远、由滨海转为浅海、由动荡转向相对稳定；沉积物由粗到细，由经陆源物质机械碎屑沉积作用为主转到以盆源物质生物化学沉积作用为主的演化过程。在这个发展演化过程中，沉积环境的变化，特别是在氧化-还原环境地段，为铀成矿提供了良好的地质背景。

郁江组地层富含泥质、硅质、有机质等，对铀有吸附作用，使郁江组铀含量增高，为铀成矿提供了铀源。

褶皱构造与断裂构造复合、叠加，形成层间破碎带，为铀源富集提供了运移通道和储存空间。

热液活动有利于铀源的进一步富集成矿。

黄猄山组地层覆盖于矿体之上，形成较好的保矿条件。

2. 找矿标志

巴江矿床的主要找矿标志是黄猄山组与郁江组的层间破碎带。

因为存在热液活动，硅化、胶状黄铁矿化等热液蚀变也是铀成矿的标志。

3.5 不同矿床（点）地质特征对比

研究区矿床（点）受控于同一地质背景，矿点都受有利层位和构造双重控制，主要分布在背斜两侧和区域断裂的次级断裂带上，含矿层位都是泥盆系。

从矿体、矿化分布标高来看，巴江矿床的矿体赋存标高 360~530 m，矿化体赋存标高 200~550 m。雷屯矿点矿体赋存标高 490~592 m，矿化赋存标高 392~700 m。大新矿床矿体赋存标高 140~510 m，主要赋存于 270~430 m。尽管如此，不同矿点的地质特征还是有一定的差异（表 3-1）。

表 3-1　不同矿床（点）主要地质特征对比

	大新矿床	巴江矿床	普井屯矿点	雷屯矿点
赋矿地层	主要为郁江组，次为唐家湾组	郁江组，黄猄山组	主要为郁江组，次为莲花山组、那高岭组	唐家湾组下部，次为郁江组上部
与构造的关系	矿化赋存在 F_2 断层上盘的次级断裂 F_3^1、F_3^2 和 F_3^3 中	矿化主要分布在 F_1 破碎带内，足翁矿体与 F_{15} 密切相关	矿化受 F_1 及层间破碎带控制，F_3 的次级断层、节理、裂隙	矿化主要赋存在 F_3 有关的次一级构造 F_1、F_2 及南部 F_4 层间构造带
岩浆活动	岩浆不发育，矿区周边有辉绿岩脉分布，与矿床形成有一定关系	矿区外侧有辉绿岩脉分布	矿区西部见一沿北西向 F_3 断裂充填的灰绿色中-基性岩脉	矿区周边有辉绿岩脉，出露面积小，分布零星

续表

	大新矿床	巴江矿床	普井屯矿点	雷屯矿点
围岩蚀变	硅化、黄铁矿化、白云石化等	硅化、黄铁矿化、白云石化等	方解石化、红化(赤铁矿化、褐铁矿化)、黄铁矿化、硅化等	硅化、黄铁矿化、绢云母化、白云石化
矿体特征	矿体呈似层状、透镜状、与底层产状、构造破碎带产状一致	透镜状、似层状、团块状、柱状	呈透镜状、似层状、串珠状展布	矿体呈似层状、透镜状,与底层产状、构造破碎带产状一致

3.5.1　含矿层位及岩性对比

四个矿区的铀矿化都产生在泥盆系地层中,其中大新和雷屯主要是在下泥盆统和中泥盆统,而普井屯则全部产于下泥盆统,每个矿点具体含矿层位和含矿岩性如下所述。

大新矿床的含矿层位是泥盆系莲花山组和那高岭组并层、郁江组、唐家湾组。①莲花山组:岩性为紫红色、灰白色厚层状砾岩、含砾砂岩、杂砂岩、粉砂岩、粉砂质泥岩。②那高岭组:岩性为一套灰绿色、黄色页岩、粉砂质泥岩、泥质粉砂岩、粉砂岩,夹少量白云质泥灰岩。③郁江组:岩性为黄灰色石英细砂岩、杂色粉砂岩、粉砂质泥岩、泥岩,顶部为富含生物化石的泥灰岩。④唐家湾组:岩性为深灰色中薄层状生物屑泥灰岩、生物屑藻鲕灰岩、疙瘩状灰岩夹泥岩。

普井屯矿点含矿岩层是泥盆系莲花山那高岭组并层和郁江组。①莲花山那高岭组并层岩性主要为紫红色砂砾岩、砂岩、粉砂岩、泥岩及少量灰岩、生物灰岩、灰绿色泥页岩、粉砂质泥岩、泥质粉砂岩、粉砂岩,夹少量灰岩、泥灰岩透镜体。②郁江组:岩性主要为黄褐、灰绿、灰黄、青灰(风化后呈灰白、灰黄色)绢云母泥质粉砂岩、粉砂质泥岩、细砂岩、黄绿灰绿色泥岩夹泥质灰岩、泥质胶结砾状砂岩,上部为生物灰岩、泥灰岩,局部有不稳定的薄层泥灰岩。

雷屯铀矿点矿化主要赋存于唐家湾组下部的灰岩、白云质灰岩中,次为郁江组上部泥岩、泥质粉砂岩为原岩的构造岩中。

巴江矿床矿化主要赋存在黄猄山组、那高岭组,巴江矿区主要的含矿岩性有七种:粉砂质泥岩破碎岩、白云质灰岩角砾岩、含泥质粉砂岩破碎岩、含泥质粉砂岩、泥质粉砂岩破碎岩、含硅质泥质粉砂岩破碎岩、硅质泥质粉砂岩构造角砾岩,其中硅质粉砂岩构造角砾岩为浅灰色,具角砾状构造,破裂结构。成分主要为石英,黄铁矿及少量黏土矿物、绢云母。其中硅质和黏土矿物主要以胶结物出现。在镜下未见到铀的独立矿物,只见到少量细粒状结晶状黄铁矿和闪锌矿。黄铁矿与该种闪锌矿无相依关系。

3.5.2　控矿构造对比

大新矿床铀矿化产于 F_2 断层的分支断裂带中,根据派生分支断裂与地层的组合,又可分为三个含矿构造亚带:一是上含矿带,正常中层灰岩为上界面, F_3^3 断层为下界面;二是中含矿带,上界面为 F_3^3 断层,下界面为 F_3^1 断层,其中 F_3^3 与 F_3^2 之间为硅化白云质灰岩,即 Ft_1Si 带, F_3^2 与 F_3^1 之间为灰岩构造带,即 Ft_1g 带;三是下含矿带,上界面为 F_3^1 断层,原岩为郁江组泥岩、粉砂岩。硅化泥岩或硅化粉砂岩成 $FySi$ 带,强烈破碎的泥岩称 Fyp 带。矿体呈似层状、透镜状,与底层产状、构造破碎带产状一致,上陡(60°~

70°)下缓(40°~50°),倾向北矿化带断续延续两公里。

普井屯矿点矿化出现在该区褶皱构造中,以那岭背斜为主,那岭背斜分布于矿区中部,其核部由寒武系组成,两翼由泥盆系中、下统组成,背斜轴向北东,北西翼有由几个小矿体组成的好屯铀矿点,南东翼有由一系列异常点带组成的井屯及江洞铀矿化点。地表郁江组产状为倾向北西,倾角30°~50°,但在坑道中倾向变为145°,倾角50°。该褶皱也是铀矿控矿的主要因素,该层位为地表铀矿化的主要控矿因素。

雷屯铀矿化主要分布在背斜两侧和区域断裂的次级断裂带上。铀矿化赋存于F_2与F_3构造断裂破碎带倾角由陡变缓地段,构造与构造岩影响着铀矿化的产出,矿化主要富集于规模大、破碎程度高、岩性复杂的构造中。

巴江矿区断裂构造发育,依其走向可分为两组:一组走向北东,与九十九岭背斜走向一致,另一组走向北西,与该背斜斜交。与矿化有关的主要有F_1、F_{15}等断裂构造。

3.5.3　围岩蚀变对比

四个矿点都有不同程度的蚀变现象,与铀矿化有关的蚀变主要都有硅化、黄铁矿化和白云石化。各种蚀变与矿化关系表现在以下三方面。

(1)硅化。主要为SiO_2交代岩石中的方解石、白云石、云母,或裂隙充填交代,强烈硅化可形成微石英岩。

(2)黄铁矿化。矿石中有多种形式的黄铁矿,铀矿化主要与胶黄铁矿关系密切。

(3)白云石化。使岩石中白云石大量增加,甚至可以变成交代白云岩,白云石化岩石铀含量增高。

各矿点围岩蚀变也有所差别,具体表现如下所述。

大新矿区围岩蚀变主要有硅化、黄铁矿化、白云石化等,该区的硅化以硅化-交代反应式和交替式为主,交替充填式次之,黄铁矿化有立方的黄铁矿、细脉状黄铁矿、角砾块状黄铁矿、细分散的黄铁矿和变胶状黄铁矿五种,前三者与铀矿化无关,后两者富含铀。含黄铁矿和硅的水胶体溶液带负电,对铀酰离子有吸附作用,硅化和黄铁矿化后,溶液中富含钙镁,当此溶液进入灰岩构造岩中,镁对灰岩中的钙置换后,发生白云石化。构造岩中的有机碳、黏土、黄铁矿对铀沉淀起到很大的吸附作用以及还原作用。

普井屯区内围岩蚀变不强,仅在构造破碎带强烈的地段及层间破碎带内见有蚀变现象,主要有方解石化、红化(赤铁矿化、褐铁矿化)、黄铁矿化、硅化等,普井屯区内与铀矿化关系密切的蚀变除黄铁矿化外还有褐铁矿化、方解石化等。

雷屯矿区热液活动微弱,蚀变主要为绢云母化、黄铁矿化、硅化和方解石化。化峒矿化点与铀矿化有关的蚀变主要为硅化、黄铁矿化、白云石化,其中黄铁矿化的矿石中有多种形式的黄铁矿,铀矿化主要与胶黄铁矿关系密切。

巴江矿床的蚀变主要是碳酸盐化,碎裂岩化,同时存在热液活动,硅化、胶状黄铁矿化等热液蚀变。

第4章 矿床地球化学特征

野外调查期间采集了大量的岩石、矿石样品，根据研究需要，针对性地选择了一批样品进行了全岩及方解石等单矿物的常量元素、微量元素及稀土元素等的测试分析。

测试分析过程为：岩石样品破碎并过筛；方解石样品破碎后在双目显微镜下挑选，粒度一般为60～80目，纯度优于99％，再将挑选出的单矿物在玛瑙研钵中磨成200目粉末。方解石等单矿物的挑选及方解石碳氧同位素分析在成都理工大学地球化学实验室完成，全岩的常量元素、微量及稀土元素以及方解石微量元素在核工业北京地质研究院分析测试完成。微量元素分析采用DZ/T 00223－2001电感耦合等离子体质谱(ICP-MS)方法分析，仪器型号为Finnigan公司生产的HR-ICP-Mselement I，相对误差≤10％。

4.1 大新矿床地球化学特征

4.1.1 不同品位样品地球化学特征

为了便于研究其规律，将矿区内采集的样品以U含量 1000×10^{-6}、300×10^{-6}、100×10^{-6}、20×10^{-6} 为界，划分为中高品位矿石样、低品位矿石样、强矿化样、弱矿化样和无矿化样五类。

1.常量元素地球化学特征

1)中高品位矿石样品

中高品位矿石样是指U含量高于 1000×10^{-6} 的样品，共采集到6个，其统计数据如表4-1所示。

表4-1 中高品位矿石样常量元素含量　　　　　　　　　　单位:％

样品号	Dx20-2A	Dx20-2B	Dx20-2C	Dx20-2D	Dx20-2E	Dx20-2K
样品岩性	褐铁矿化泥岩	硅化泥岩	黄褐色泥岩	灰色薄层泥岩	灰白色泥岩	蓝绿色硅化泥岩
SiO_2	15.64	41.53	15.62	8.24	50.91	62.71
Al_2O_3	29.26	29.47	22.05	19.41	24.67	15.53
Fe_2O_3	24.33	6.15	40.05	46.29	8.57	4.34
MgO	0.545	0.537	0.239	0.344	1.47	0.984
CaO	0.761	0.212	0.24	0.193	0.292	0.892
Na_2O	0.077	0.059	0.052	0.062	0.247	0.299
K_2O	0.253	0.78	0.06	0.071	4.78	2.94
MnO	0.023	0.017	0.054	0.006	0.011	0.008

样品号	Dx20-2A	Dx20-2B	Dx20-2C	Dx20-2D	Dx20-2E	Dx20-2K
样品岩性	褐铁矿化泥岩	硅化泥岩	黄褐色泥岩	灰色薄层泥岩	灰白色泥岩	蓝绿色硅化泥岩
TiO_2	0.058	0.16	0.017	0.018	1.07	0.788
P_2O_5	0.368	0.352	0.316	0.553	0.145	0.048
烧失量	24.93	20.06	17.65	20.01	7.73	8.82
FeO	0.2	0.2	0.15	0.2	0.25	2.4
$U/(\times 10^{-6})$	9618	3358	7511	11863	1095	1414

SiO_2 的含量为 $8.24\%\sim 62.71\%$，变化范围较大，平均值为 32.44%；MgO 的含量为 $0.239\%\sim 1.47\%$，平均值为 0.69%；Fe_2O_3 的含量为 $4.34\%\sim 46.29\%$，平均值为 21.62%；FeO 的含量为 $0.15\%\sim 2.4\%$，平均值为 0.57%；Na_2O 的含量为 $0.052\%\sim 0.299\%$，平均值为 0.133%；K_2O 的含量为 $0.06\%\sim 4.78\%$，平均值为 1.48%。

对中高品位矿石样品做相关分析，得到相关性统计表（表 4-2）。

表 4-2　中高品位矿石样相关性统计表

	SiO_2	Fe_2O_3	MgO	Na_2O	K_2O	TiO_2	P_2O_5
U	−0.97	0.86	−0.74	−0.67	−0.78	−0.78	0.86

由表 4-2 可见，U 与 SiO_2，Na_2O，K_2O，TiO_2 呈明显的负相关关系，且相关系数较高，与 Fe_2O_3，P_2O_5 为正相关关系。结合表 4-1 可以发现，硅化较强烈的 Dx20-2B，Dx20-2E，Dx20-2K，其 U 含量要低于硅化稍弱的 Dx20-2A，Dx20-2C，Dx20-2D。U 随着 Fe_2O_3 含量增高而增高，可能是与矿化过程中 Fe^{2+} 离子还原 U^{6+} 为 U^{4+} 而自身变为 Fe^{3+} 有关，加之泥质对 U 的吸附作用，使得 U 大量富集。

2）低品位矿石样品

低品位矿石样是指 U 含量为 $300\times 10^{-6}\sim 1000\times 10^{-6}$ 的样品，共采集到 5 个，分析结果如表 4-3 所示。对低品位矿石样品作相关分析，得到相关性统计表（表 4-4）。

表 4-3　低品位矿石样品常量元素含量　　　　　　单位：%

样品号	Dx18-16	Dx20-2F	Dx20-2I	Dx20-33	Dx20-36
样品岩性	碳质泥岩	灰色泥岩	硅质粉砂质泥岩	褐铁矿化碎屑岩	灰绿色碎屑岩
SiO_2	68.71	53.98	78.03	87.93	78.46
Al_2O_3	12.23	24.66	10.88	6.04	5.09
Fe_2O_3	7.17	5.53	3.76	2.35	7.26
MgO	0.929	1.55	0.477	0.348	0.475
CaO	0.554	0.259	0.169	0.142	0.641
Na_2O	0.084	0.278	0.053	0.05	0.121
K_2O	2.6	5.06	1.49	1.44	1.19
MnO	0.006	0.011	0.009	0.007	0.006
TiO_2	0.604	1.24	0.308	0.21	0.24

续表

样品号	Dx18-16	Dx20-2F	Dx20-2I	Dx20-33	Dx20-36
样品岩性	碳质泥岩	灰色泥岩	硅质粉砂质泥岩	褐铁矿化碎屑岩	灰绿色碎屑岩
P_2O_5	0.034	0.099	0.069	0.06	0.039
烧失量	6.5	7.27	4.7	1.38	3.32
FeO	2.55	0.2	0.45	0.6	1.5
$U/(\times10^{-6})$	592	552	540	420	412

表 4-4　低品位矿石样相关性统计表

	SiO_2	Fe_2O_3	MgO	Na_2O	K_2O	TiO_2	P_2O_5
U	−0.68	0.27	0.64	0.25	0.58	0.61	0.22

SiO_2 的含量为 $53.98\% \sim 87.93\%$，平均值为 73.42%；MgO 的含量为 $0.348\% \sim 1.55\%$，平均值为 0.756%；Fe_2O_3 的含量为 $2.35\% \sim 7.26\%$，平均值为 5.21%；FeO 的含量为 $0.2\% \sim 2.55\%$，平均值为 1.06%；Na_2O 的含量为 $0.05\% \sim 0.278\%$，平均值为 0.12%；K_2O 的含量为 $1.19\% \sim 5.06\%$，平均值为 2.37%。

由表 4-4 可见，在低品位矿石样中，U 元素主要与 SiO_2，MgO 相关性较好，与 Fe_2O 的相关性不明显。U 与 SiO_2 呈负相关关系，与 MgO、K_2O、TiO_2 呈正相关关系。

3) 强矿化矿石样品

强矿化样品的 U 含量为 $100\times10^{-6} \sim 300\times10^{-6}$，共采集到 7 个，分析结果如表 4-5 所示。

表 4-5　强矿化样品常量元素含量　　　　　　　单位：%

样品号	Dx20-2G	Dx20-2H	Dx20-2J	Dx20-30	Dx20-34	Dx20-35	Dx20-5
样品岩性	灰白色泥岩	粉砂质泥岩	硅质体	碳质泥岩	灰白色硅化岩	杂色硅化岩	硅化泥岩
SiO_2	83.42	81.08	84.13	88.96	87.43	83.41	81.09
Al_2O_3	8.33	10.53	8.06	6.34	6.69	5.96	9.56
Fe_2O_3	2.52	2.3	1.83	1.75	1.47	2.62	1.69
MgO	0.565	0.506	0.485	0.335	0.329	0.632	0.865
CaO	0.176	0.143	0.179	0.176	0.13	0.379	0.333
Na_2O	0.078	0.254	0.06	0.065	0.062	0.062	0.073
K_2O	1.73	1.63	1.46	1.56	1.62	1.46	2.42
MnO	0.006	0.006	0.007	0.01	0.007	0.008	0.005
TiO_2	0.389	0.503	0.317	0.272	0.241	0.285	0.489
P_2O_5	0.034	0.043	0.036	0.042	0.023	0.031	0.023
烧失量	2.72	2.95	3.4	0.47	1.96	5.09	3.4
FeO	0.65	0.3	0.65	0.5	0.4	0.95	0.65
$U/(\times10^{-6})$	195	118	250	103	114	214	136

SiO_2 的含量为 $81.08\%\sim88.96\%$，平均值为 84.22%；MgO 的含量为 $0.329\%\sim0.865\%$，平均值为 0.531%；Fe_2O_3 的含量为 $1.47\%\sim2.52\%$，平均值为 2.03%，对低品位矿石样品做相关分析，得到相关性统计表（表 4-6）。

表 4-6 强矿化矿石样相关性统计表

	SiO_2	Fe_2O_3	MgO	Na_2O	K_2O	TiO_2	FeO
U	−0.38	0.26	0.62	−0.33	−0.31	0.05	0.81

由表 4-6 可见，U 与 SiO_2，Fe_2O_3，Na_2O，K_2O 的相关性较差，与 MgO，FeO 的相关性较好。

4）弱矿化矿石样品

弱矿化样品是指 U 含量为 $20\times10^{-6}\sim100\times10^{-6}$ 的样品，共采集了 9 个样品，分析结果如表 4-7 所示。

表 4-7 弱矿化样品中常量元素含量 单位：%

样品号	Dx04	Dx18-15	Dx18-17	Dx20-1	Dx20-15	Dx20-16	Dx20-28	Dx20-3	Dx20-31
岩性	粉砂质泥岩	硅化灰岩	硅化泥岩	硅化粉砂岩	硅化砂岩	硅化碳质泥岩	硅化岩	泥岩	粉砂岩
SiO_2	50.46	2.36	85.44	88.15	82.52	85.07	92.22	70.78	85.28
Al_2O_3	25.65	0.81	7.43	5.75	6.61	6.88	3.79	17.08	7.46
Fe_2O_3	5.02	1.43	1.19	1.87	5.24	2.54	1.79	1.56	1.99
MgO	2.06	1.14	0.52	0.365	0.624	0.384	0.166	0.869	0.5
CaO	0.474	52.89	0.116	0.244	0.209	0.135	0.227	0.541	0.288
Na_2O	0.071	0.035	0.067	0.039	0.069	0.043	0.03	0.502	0.056
K_2O	5.33	0.182	1.75	1	1.67	1.54	0.523	2.65	1.92
MnO	0.014	0.024	0.007	0.008	0.005	0.012	0.01	0.009	0.011
TiO_2	1.55	0.055	0.331	0.292	0.359	0.294	0.147	0.894	0.29
P_2O_5	0.193	0.009	0.016	0.025	0.032	0.017	0.018	0.043	0.059
烧失量	9.16	40.07	3.07	2.22	2.1	2.56	1.04	5	2.12
FeO	2.2	0.25	0.75	0.55	1.3	1.25	0.5	0.45	0.85
$U/(\times10^{-6})$	37.5	44.4	90.9	95.4	24.8	29	25.3	57.2	38.5

对弱矿化矿石样品做相关分析，得到相关性统计表（表 4-8）。

表 4-8 弱矿化矿石样相关性统计表

FeO	SiO_2	Fe_2O_3	MgO	Na_2O	K_2O	TiO_2
U	0.45	−0.76	−0.57	−0.32	−0.31	−0.50	−0.50

由表 4-8 可见，U 元素与 Fe_2O_3、MgO 呈负相关性，与其他元素的相关性不明显。

5）无矿化矿石样品

无矿化样品是指 U 含量低于 20×10^{-6} 的样品，共采集到 10 个，分析结果如表 4-9 所示。

表 4-9　无矿化样品中常量元素含量 单位:%

样品号	Dx15-1	Dx17-2	Dx17-5	Dx18-1	Dx18-2	Dx20-13	Dx28	Dx31	Dx45	Dx47-1
岩性	石英砂岩	硅化灰岩	黑色灰岩	黑色角砾状灰岩	黄色角砾状灰岩	黑色硅化灰岩	白云质灰岩	硅化泥岩	硅化粉砂岩	白云质灰岩
SiO_2	85.16	1.43	0.753	1.27	2.35	0.92	1.69	89.65	83.82	0.722
Al_2O_3	7.54	0.396	0.241	0.346	0.613	0.262	0.414	3.95	8.71	0.17
Fe_2O_3	2.06	0.39	0.171	0.178	0.282	0.123	1.01	3.01	1.53	0.283
MgO	0.545	20.83	1.94	0.529	0.63	0.836	20.04	0.463	0.629	15.81
CaO	0.135	30.68	53.18	54.71	53.69	54.51	30.99	0.308	0.386	37.28
Na_2O	0.066	<0.10	<0.10	0.023	0.026	0.022	0.011	0.041	0.163	<0.10
K_2O	2.25	0.076	0.033	0.087	0.155	0.049	0.103	1.18	2.69	0.039
MnO	0.007	0.01	0.008	0.031	0.034	0.008	0.007	0.016	0.013	0.006
TiO_2	0.33	0.022	0.011	0.018	0.049	0.028	0.035	0.176	0.451	0.021
P_2O_5	0.033	0.012	0.009	0.012	0.012	0.008	0.011	0.053	0.118	0.028
烧失量	1.86	46.07	43.51	42.7	42.05	43.27	45.71	1.14	1.44	45.38
FeO	0.55	0.2	0.1	<0.10	0.15	0.1	0.2	0.75	1.1	0.2
$U/(\times10^{-6})$	5.73	12.8	19.4	10.8	17.4	8.79	4.76	14	4.82	1.51

对无矿化矿石样品做相关分析,得到相关性统计表(表 4-10)。

表 4-10　弱矿化矿石样相关性统计表

	SiO_2	Fe_2O_3	MgO	Na_2O	K_2O	TiO_2	FeO
U	−0.77	−0.78	−0.77	0.79	−0.77	−0.76	−0.90

由表 4-10 可见,U 的含量与 Na_2O 呈正相关,与其他元素呈明显负相关。

2. 不同品位样品微量元素及稀土元素特征

对大新铀矿床矿石及围岩样品的微量元素含量作描述性统计分析,整理所得数据,可得表 4-11(X 为平均值;Cv 为变异系数)。

表 4-11　大新铀矿床微量元素统计特征表 单位:$\times10^{-6}$

元素	含矿样 X	含矿样 Cv	围岩样 X	围岩样 Cv	元素	含矿样 X	含矿样 Cv	围岩样 X	围岩样 Cv
U	1022.74	2.54	7.84	0.66	Mo	1194.17	1.83	18.86	1.26
Li	32.43	1.30	25.76	0.75	Cd	3.37	1.65	0.13	0.80
Be	2.69	1.25	1.18	0.73	In	0.06	0.77	0.04	0.66
Sc	7.67	0.87	6.34	0.81	Sb	482.16	0.93	61.23	2.15
V	272.10	1.00	66.25	0.74	Cs	23.36	0.73	11.43	0.76
Cr	39.39	0.68	41.82	0.74	Ba	250.46	0.54	391.50	0.68
Co	26.38	1.58	5.25	1.37	Ta	0.63	0.87	0.64	0.81
Ni	421.89	1.63	24.48	0.75	W	4.98	0.69	2.58	0.82
Cu	91.27	1.83	18.22	0.78	Re	5.05	1.60	0.01	0.88
Zn	427.73	1.62	37.41	0.88	Tl	65.35	1.22	0.82	0.55
Ga	11.13	0.72	10.35	0.74	Pb	17.76	0.80	19.05	0.93
Rb	66.40	0.72	86.37	0.75	Bi	0.37	0.75	0.21	0.73
Sr	69.08	0.69	57.67	1.75	Th	7.61	0.84	8.89	0.81

元素	含矿样		围岩样		元素	含矿样		围岩样	
	X	Cv	X	Cv		X	Cv	X	Cv
Y	22.43	1.22	10.81	0.83	Zr	101.75	0.76	92.13	0.76
Nb	8.27	0.85	8.11	0.82	Hf	2.93	0.79	2.66	0.80

对比分析含矿样品和围岩样品中微量元素平均含量，含矿样品中微量元素质量分数明显增加的元素有 U、V、Co、Ni、Cu、Zn、Mo、Cd、Sb、Re、Tl（表 4-11，图 4-1），其中 U、Ni、Mo、Cd、Re、Tl 增加最为明显，达数十至数百倍。这些元素属于矿化热液活动元素，其元素组合反映了成矿流体的特征。Li、Sc、Cr、Ga、Rb、Sr、Nb、Ta、Pb、Th、Zr、Hf 的质量分数与围岩样中基本一样。

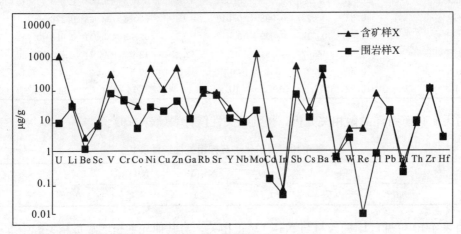

图 4-1　含矿样与无矿样微量元素含量算术平均值对比图

对比围岩样品（表 4-11，图 4-1），含矿样中的亲铁元素中，Cr 的含量基本保持不变，V、Co、Ni 明显增加；亲铜元素中的 Sb、Tl 增加明显，分别为无矿样中的 7.87 倍和 79 倍，Ga 和 Pb 的质量分数几乎没有变化；亲石元素 Li、Nb、Th、Zr、Hf 的变化不大，Mo 显著增加，为围岩样的 63 倍，Be、W 则分别增加了 1.28 和 1.04 倍，Sr 略有增加。构造运动使成矿元素 U 活化、迁移，并在有利的部位富集成矿。

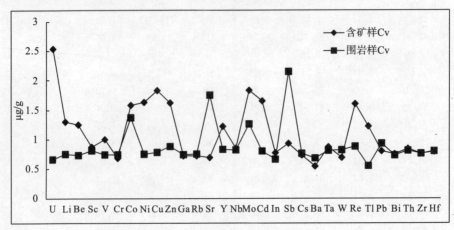

图 4-2　微量元素变异系数折线图

含矿样品中 U 以及 Li、Be、Co、Ni、Cu、Zn、Y、Mo、Cd、Re、Pb 元素的变异系数均大于 1(表 4-11,图 4-2)。一般说来,越靠近矿体,成矿元素的分布越不均匀、成矿元素组合越复杂、变异系数越大。与围岩样相比,含矿样中 U、Li、Be、Co、Ni、Cu、Zn、Mo、Cd、Re、Tl 的变异系数变大,说明这些元素可能与铀成矿关系密切。

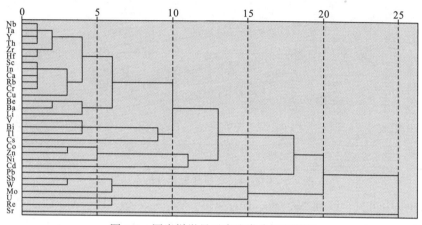

图 4-3　围岩样微量元素聚类分析系谱图

对含矿样和围岩样做聚类分析,依据相关关系谱系图(图 4-3),围岩样中,Re 与 U 聚为一类,Mo、W、Sb 也与 U 靠得较近。相关分析结果表明,U 与 Re 相关系数为 0.688,与 Mo 相关系数为 0.632,而与其他 Sb、W 等元素的相关系数都小于 0.5,说明在围岩中,与 U 相关性好的元素只有 Re 和 Mo。

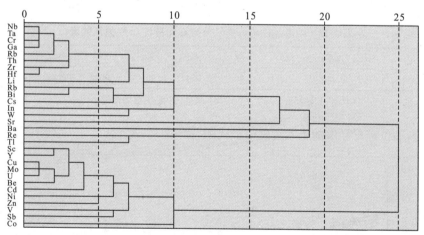

图 4-4　含矿样微量元素聚类分析系谱图

含矿样(图 4-4)中 U 元素与 Mo 和 Cu 的关系最为密切,其次是 Ba、Cd、Ni、Zn、V、Sb 以及 Co,这些元素组成一大组。相关分析结果,这些元素在 0.01 水平上与 U 的相关系数都大于 0.5,且多数在 0.8 以上,表明与 U 关系十分密切,代表了该区的主要成矿元素组合。含矿样中与 U 相关性好的元素组合和围岩中的差别很大,含矿样和围岩中 U 的来源不同,也说明成矿物质并非完全来自围岩。

1)中高品位矿石样品

中高品位矿石样是指 U 含量高于 1000×10^{-6} 的样品,共采集到 6 个,作聚类分析,得到聚类图（图 4-5）。

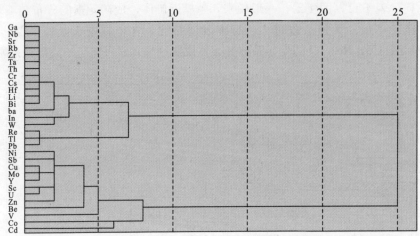

图 4-5　中高品位矿石样聚类分析系谱图

从图 4-5 中可见，U 和 Ni、Sb、Cu、Mo、Y、Sc、Zn、Be、V、Co、Cd 聚为一大类，关系密切。

依据聚类分析，对与 U 聚为一类的元素作相关分析，各元素与 U 相关系数如表 4-12 所示，与 U 关系最密切的是 Cu、Mo、Sc、Zn，它们与 U 在 0.01 水平上相关系数都大于 9.25，其次是 Ni、Y、Be 元素，与 U 在 0.05 水平上相关性很好。

Cu、Mo、Ni、Zn 是含矿热液的重要组成元素，可以指示物质的来源。U 与这些元素关系密切，说明 U 含量高于 1000×10^{-6} 的富矿石成矿物质来自热液。

表 4-12　中高品位矿石样部分微量元素与 U 相关系数表

	Ni	Sb	Cu	Mo	Y	Sc	Zn	Be	V	Co	Cd
U	0.885*	0.780	0.962**	0.929**	0.900*	0.954**	0.925**	0.904*	0.663	0.357	0.606

注：*. 在 0.05 水平（双侧）上显著相关；**. 在 0.01 水平（双侧）上显著相关。

对中高品位矿石样做稀土元素配分模式图（图 4-6）。

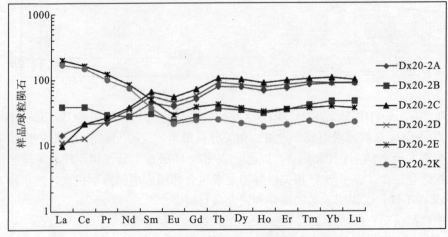

图 4-6　中高品位矿石样稀土元素配分模式图

此类样品 $\sum$ REE 为 $88.4\times10^{-6}\sim244.76\times10^{-6}$，平均值为 150.3×10^{-6}。$(La/Yb)_N$ 为 $0.09\sim8.49$，平均值为 2.46，轻重稀土分异程度较低，轻稀土略有富集；$(La/Sm)_N$ 为 $0.14\sim4.6$，平均值为 1.75，轻稀土内部分异程度较低；$(Gd/Yb)_N$ 为 $0.56\sim1.21$，平均值为 0.78，重稀土内部分异程度低。

其稀土元素配分模式图（图 4-6）显示，所有曲线在 Eu 处都有很浅的“V”形谷，表明有轻微的 Eu 负异常。Dx20-2B 曲线平缓；Dx20-2A、Dx20-2C 和 Dx20-2D 三个样品的稀土元素分布曲线向左倾斜，$(La/Sm)_N$ 为 $0.15\sim0.32<1$，重稀土明显富集；Dx20-2E 和 Dx20-2K 向右倾，$(La/Sm)_N$ 为 $4\sim4.6$。分布形态的不同，说明这几个样品中物质的来源有明显的差异，应为至少两次矿化活动造成。

根据元素的性质，铀与稀土元素有共同的迁移方式——碳酸络合物。由于“镧系收缩”的影响，在一定的地质条件下（含 CO_3^{2-} 的流体存在），重稀土元素络合迁移的能力强于轻稀土元素，重稀土元素的地球化学行为与铀元素更同步（陈迪云，1993）。据表 4-11 中的元素含量分析结果，Dx20-2A、Dx20-2C 和 Dx20-2D 三个样品中 U 的含量远远高于其他所有样品，即 U 的富集程度非常高，重稀土元素伴随 U 的富集而富集，以至最后含量高于轻稀土。

2）低品位矿石样

低品位矿石样是指 U 含量为 $300\times10^{-6}\sim1000\times10^{-6}$ 的样品，共采集到 7 个，作聚类分析，得到树状图（图 4-7）。

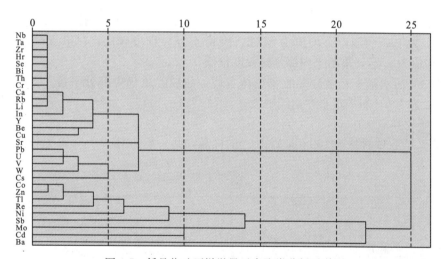

图 4-7　低品位矿石样微量元素聚类分析系谱图

如图 4-12，此类样品中微量元素聚为三大类，与 U 聚为一类的元素很多，其中 Pb、V、W、Cs 和 U 关系最密切。依据聚类分析结果，对与 U 聚为一类的元素作相关分析，各元素与 U 相关系数如表 4-13 所示。

表 4-13　低品位矿石样部分微量元素与 U 相关系数表

	Li	Be	Sc	V	Cr	Cu	Ga	Rb	Sr	Y
U	0.62	0.65	0.75	0.940**	0.777*	0.69	0.75	0.71	0.21	0.53

	Nb	In	Cs	Ta	W	Pb	Bi	Th	Zr	Hf
U	0.69	0.807*	0.841*	0.69	0.901**	0.949**	0.75	0.771*	0.68	0.71

注：**．在 0.01 水平（双侧）上显著相关；*．在 0.05 水平（双侧）上显著相关。

据表 4-13，与 U 相关性最好的是 V、W、Pb，其次为 Cr、In、Cs、Th。

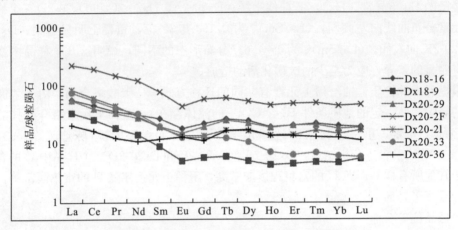

图 4-8　低品位矿石样稀土元素配分模式图

该类样品 $\sum$REE 为 $37\sim304\times10^{-6}$，多数 在 100×10^{-6} 以下，平均值为 103.28。$(La/Yb)_N$ 为 $1.6\sim12.1$，平均值为 5.3，轻重稀土分异程度较高，富集轻稀土；$(La/Sm)_N$ 为 $1.7\sim4.4$，平均值为 3.07，轻稀土分异程度较高；$(Gd/Yb)_N$ 为 $0.87\sim1.3$，平均值为 1.21，重稀土内部分异程度较低。

如图 4-8 所示稀土元素分配曲线总体右倾，曲线的重稀土部分平缓。只有 Dx20-36 $(La/Yb)_N$ 为 1.6，斜率很小，曲线平缓。

3）强矿化样

强矿化样是 U 含量为 $100\sim300\times10^{-6}$ 的样品，共采集到 12 个，作聚类分析，得到树状图（图 4-9）。

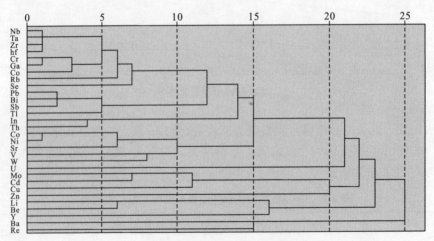

图 4-9　强矿化样微量元素聚类分析系谱图

如图 4-9 所示，U 单独成一类，与其他元素关联不大。

相关分析结果中，U 与其他所有元素相关系数都小于 0.5，也证明这一类样品中的 U 与其他元素确实没有相关性。

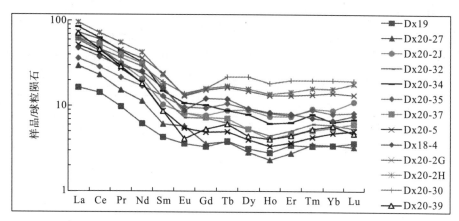

图 4-10　强矿化样品稀土元素配分模式图

此类样品的 $\sum REE$ 为 $20.5\sim110.4\times10^{-6}$，多数在 100×10^{-6} 以下，平均值为 65.8 $\times10^{-6}$。$(La/Yb)_N$ 为 $3.12\sim12.21$，平均值为 8.01，轻重稀土分异程度高，富集轻稀土；$(La/Sm)_N$ 为 $2.95\sim8.15$，平均值为 4.58，轻稀土内部分异程度高；$(Gd/Yb)_N$ 为 $0.8\sim1.82$，平均值为 1.14，重稀土分异程度较低。

如图 4-10，稀土元素配分曲线都为右倾，重稀土部分曲线平缓，略有起伏，表明重稀土内部分异程度低。部分曲线的形态有较大差异。按照 Eu 异常差异可分为两类：

①无明显 Eu 负异常，包括 Dx19、Dx20-2J、Dx20-5、Dx20-27、Dx20-32、Dx20-34、Dx20-35、Dx20-37，轻重稀土分异程度大，$(La/Sm)_N$ 为 $2.8\sim6.6$，轻稀土内部分异程度高；

②有明显 Eu 负异常，包括 Dx18-4、Dx20-2G、Dx20-2H、Dx20-30 和 Dx20-39，轻稀土较重稀土富集，$(La/Sm)_N$ 值为 $4.7\sim19.5$，轻稀土内部分异程度高。

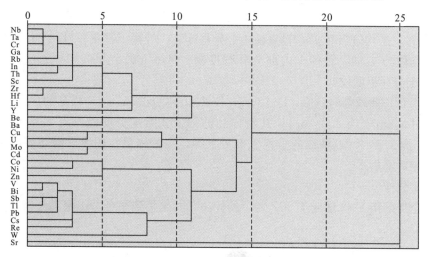

图 4-11　弱矿化样微量元素聚类分析系谱图

4）弱矿化样

弱矿化样是指 U 含量为 $20\sim100\times10^{-6}$ 的样品，共采集到 14 个，作聚类分析，得到树状图（图 4-11），U 与 Cu，Cd，Mo 关系最密切，与 Co、Ni、Zn、V、Bi、Tl、Pb、Cs、Re、W 也有一定关系。

根据聚类分析，Sr 单独成为一大类，其余元素聚为一类。与 U 关系最紧密的是 Cu，其次是 Mo 和 Cd。对与 U 聚为一类的微量元素作相关分析所得结果如表 4-14 所示。

表 4-14 弱矿化样部分微量元素与 U 相关关系数表

	Cu	Mo	Cd	Co	Ni	Zn	V
U	0.856**	0.598*	0.709**	0.53	0.518	0.739**	0.5
	Bi	Sb	Tl	Pb	Cs	Re	W
U	0.356	0.456	0.394	0.237	0.506	0.392	.625*

注：**. 在 0.01 水平（双侧）上显著相关；*. 在 0.05 水平（双侧）上显著相关。

据表 4-14，与 U 关系最密切的是 Cu、Cd、Zn，其次是 Mo、W、Ni、Co 和 Cs。这些元素不仅揭示含矿物质有热液来源，并且还是能指示中高温成矿的指示性元素组合。

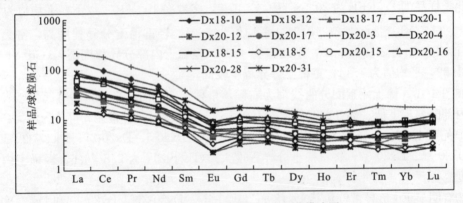

图 4-12　弱矿化样品稀土元素配分模式图

此类样品 $\sum$REE 为 $24.1\sim248.2\times10^{-6}$，平均值为 78.62×10^{-6}。$(La/Yb)_N$ 为 $6.30\sim13.24$，平均值为 9.62，轻重稀土分异程度高，轻稀土富集；$(La/Sm)_N$ 为 $2.32\sim8.25$，平均值为 4.59，轻稀土内部分异程度高；$(Gd/Yb)_N$ 为 $0.95\sim2.10$，平均值为 1.36 重稀土分异程度较低。

如图 4-12，曲线都向右倾，Dx18-17、Dx20-1 和 Dx20-17 三个样品的曲线无明显 Eu 负异常，$(La/Sm)_N$ 为 $4.6\sim6.1$；其余样品的稀土元素配分曲线都有明显 Eu 负异常，$(La/Sm)_N$ 为 $2.3\sim8.2$。曲线的重稀土部分平缓，一些样品在曲线末端还略有上升，表明重稀土相对富集。

5）无矿化样

无矿化样是指 U 含量低于 20×10^{-6} 的样品，共采集到 9 个，作聚类分析，得到树状图（图 4-13）。

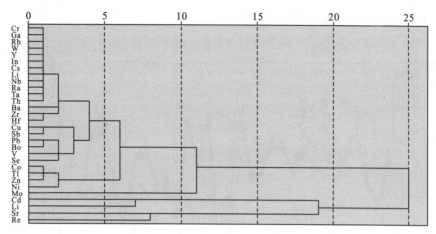

图 4-13　无矿化样微量元素聚类分析系谱图

由图 4-13 可以看出，这一类样品中 U 只与 Cd 有一定相关性。相关分析结果也表明只有 Cd 与 U 相关系数达到 0.5 以上(为 0.645)，但关系并不是十分密切。

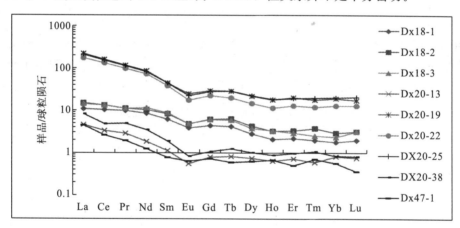

图 4-14　无矿化样稀土元素配分模式图

此类样品 $\sum REE$ 为 $5.11\sim218.23\times10^{-6}$，平均值为 88.27×10^{-6}。$(La/Yb)_N$ 为 $5.09\sim13.33$，平均值为 8.48，轻重稀土分异程度高，轻稀土富集；$(La/Sm)_N$ 为 $1.64\sim4.97$，平均值为 3.49，轻稀土内部分异程度高；$(Gd/Yb)_N$ 为 $0.97\sim2.49$，平均值为 1.73 重稀土分异程度较低。

如图 4-14，稀土元素配分曲线都向右倾斜，并且按其标准化值分为了三组：第一组为 Dx20-19、Dx20-22、Dx20-25，标准化值最高；第二组为 Dx18-2、Dx18-3、Dx18-1，其标准化值居中；第三组为 Dx20-13、Dx20-38、Dx47-1，其标准化值最低。这三组样品的配分曲线形态在组内具有一定的相似性，第一组和第二组各自的相似程度者很高，但第三组中 Dx47-1 曲线与另两条曲线的差异很大，这是因为 Dx47-1 号样品的采集地点离矿区非常远，可以认为它代表的岩石与成矿完全没有关系，而另两个样品(Dx20-13、Dx20-38)都是在矿区取得的，在一定程度上受到了矿化活动的影响。

6）不同矿化强度样品微量稀土元素特征小结

取不同矿化程度样品微量元素含量的平均值，作折线图（图 4-15）。

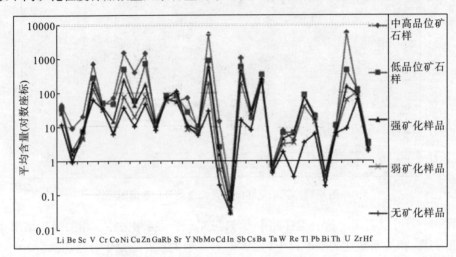

图 4-15　不同矿化强度样品微量元素平均含量

由图 4-15 可以看出，不同微量元素含量变化趋势大致相同，随着 U 矿化程度的加强，微量元素含量也有所增加，V、Co、Ni、Cu、Zn、Mo、Sb 元素表现得十分明显，这些元素伴随着 U 的迁移聚集而呈现富集趋势。

表 4-15　不同矿化程度样品与 U 相关的元素组合

U 含量/($\times 10^{-6}$)	与 U 相关元素组合		
	0.01 水平上显著相关	0.05 水平上显著相关	其余相关系数>0.5
>1000	Cu，Mo，Sc，Zn	Ni，Be	Sb，V，Cd
300~1000	V，W，Pb	Cr，In，Cs，Th	Li，Be，Sc，Cu，Ga，Rb，Y，Nb，Ta，Bi，Th，Zr，Hf
100~300			
20~100	Cu，Cd，Zn	Mo	Co，Ni，V，Cs，W
<20			Cd

由表 4-15 可知，总体上含矿样中与 U 联系最紧密的是 Cu、Mo、Zn，其次是 V、Ni 元素，Cu、Zn 是亲硫亲铁元素，Ni 是典型的地幔元素，U 与这些元素密切相关的事实反映了成矿物质有深部来源的特点。

对以上各分类中稀土元素平均值和 Dx47-1 样品（Dx47-1 是离矿区很远、与成矿完全没有关系的白云质灰岩）中的稀土元素作球粒陨石标准化配分模式图如图 4-16 所示。

由图 4-16 可知，矿床内样品的稀土元素含量远高出未受矿化活动影响的岩石样品，曲线的形态也有差别，说明矿床内稀土元素与大新地区区域上岩石中稀土元素来源的很大差异。

对比矿床内各分类的稀土元素配分曲线，明显可以看出，它们在 Eu 处都有浅"V"字形谷出现，有轻微的 Eu 负异常。曲线都向右倾，重稀土部分的曲线平缓，略有起伏。

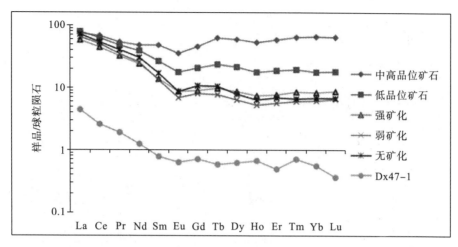

图 4-16　不同矿化程度样品稀土元素配分模式图

(Dx47-1 为正常白云质灰岩样品)

随着矿化程度的增加，$\sum$REE 也明显增高，曲线斜率变小，重稀土的含量也显著上升。富矿石样和矿石样表现得尤为明显，强矿化样的重稀土元素含量也高于弱矿化样。无矿样、弱矿化样、强矿化样、矿石、富矿石中(La/Yb)$_N$平均值依次为 8.48、9.62、8.01、5.3、2.46，大致呈现出矿化越强，轻重稀土比值越低的规律，即矿化越强，$\sum$REE 含量越高，轻重稀土比值越小，重稀土越富集。这一特征与赣浙火山热液铀矿床、澳大利亚派因克里克地槽区的著名的低温热液不整合面型铀矿床的稀土元素地球化学特征相同，是热液铀矿床稀土元素的普遍特征，证明大新铀矿床也可能具热液成因(陈迪云，1993)。

但是矿床内部的无矿样中重稀土元素的含量却略高于弱矿化样，这一结果并不符合含矿样表现出的规律。结合前面得出的成矿物质有深部来源的结论，含矿热液在运移时，将其流经岩石中的重 U 元素和稀土元素一起带出，向利于赋矿的地方迁移。这一过程中，重稀土元素也随着 U 的沉淀而从热液中析出，故 U 含量越高的地方，重稀土元素的含量也相对越高。而 U 含量很低的无矿岩石，则因为受热液影响很小，重稀土元素被带出的很少，所以含量会略高于弱矿化的岩石。

4.1.2　不同岩性样品微量和稀土元素特征

4.1.2.1　泥盆系样品

1. 泥盆系泥岩

泥岩样品共 22 个，其中含矿样 17 个，无矿样 5 个，为泥盆系郁江组泥岩。对泥盆系泥岩含矿样微量元素作聚类分析，可得聚类分析系谱图(图 4-17)。

表 4-16　泥盆系泥岩含矿样部分元素相关系数

	Mo	Be	Cu	Ni	Zn	Sb	Sc	Y	V	Cd	Co
U	0.961	0.952	0.975	0.955	0.902	0.875	0.875	0.861	0.873	0.811	0.620

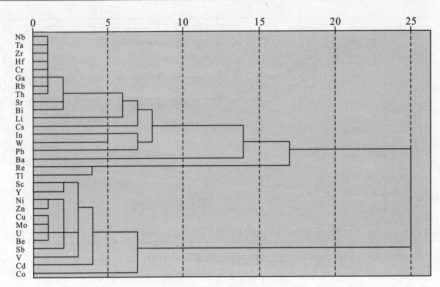

图 4-17　泥盆系泥岩含矿微量元素聚类分析系谱图

如图 4-17，泥岩含矿样中 U 与 Mo、Cu、Be、Zn、Ni、Sb、Sc、Y、V、Cd、Co 聚为一组，相关性较好。相关分析结果（表 4-16）也显示，Mo、Cu、Be、Zn、Ni、Sb 与 U 的相关系数大于 0.9，相关性非常好，关系十分紧密。

泥盆系含矿泥岩样品 $\sum REE$ 为 $35.21 \times 10^{-6} \sim 244.76 \times 10^{-6}$，平均值为 117.47×10^{-6}。$(La/Yb)_N$ 为 $0.09 \sim 13.24$，平均值为 6.9，轻重稀土分异程度高，轻稀土富集；$(La/Sm)_N$ 为 $0.14 \sim 6.14$，平均值为 4.01，轻稀土内部分异程度高；$(Gd/Yb)_N$ 为 $0.63 \sim 1.36$，平均值为 1.04，重稀土分异程度较低。

作稀土元素配分模式图如图 4-18 所示。

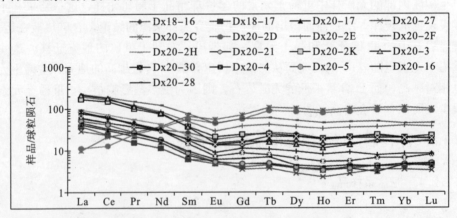

图 4-18　泥盆系泥岩含矿样稀土元素配分模式图

如图 4-18，稀土元素配分曲线分布不规律，Dx20-2C 和 Dx20-2D 向左倾斜，其余曲线向右倾斜。Dx18-7 和 Dx20-5 无明显 Eu 负异常，其他曲线都有不同程度的 Eu 负异常。重稀土的分布都较平缓，反映有不同物源所致，也可能说明有深部参与。

泥岩含矿岩石矿化最强烈，岩石中元素活动受矿化作用影响最大，分布极不均匀，所以才会出现这种不规律的稀土元素配分曲线。

对泥盆系泥岩无矿样中微量元素作聚类分析，得聚类分析系谱图（图 4-19）。

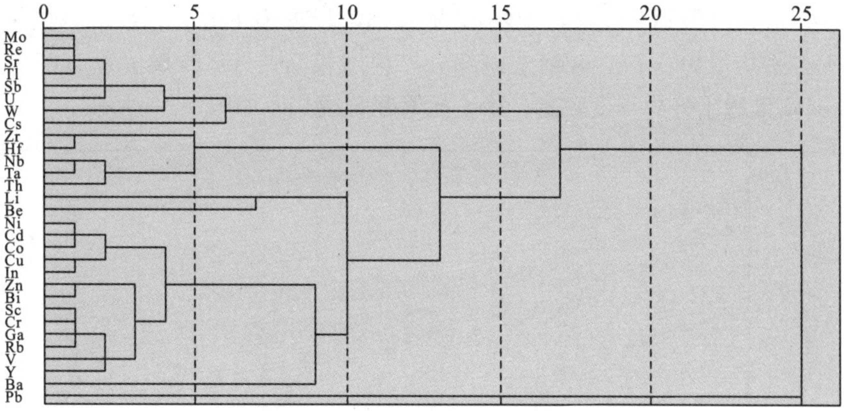

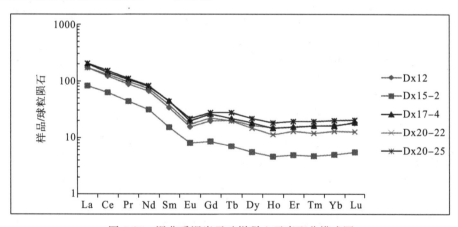

图 4-19　泥盆系泥岩无矿样微量元素聚类分析系谱图

如图 4-19，泥盆系泥岩无矿样中，U 与 Sb、Tl、Sr、Re、Mo、W、Cs 聚为一组，相关性很好。相关性分析结果显示，U 与 Sr 在 0.01 水平上相关系数为 0.982，关系非常密切。在 0.05 水平上 Mo、Re 与 U 相关系数大于 0.9，Sb、Tl 与 U 相关系数大于 0.8 相关性也很好。

稀土元素配分模式图如图 4-20 所示。

图 4-20　泥盆系泥岩无矿样稀土元素配分模式图

泥岩无矿样品 $\sum REE$ 为 $84.09 \sim 214.23 \times 10^{-6}$，平均值为 173.69×10^{-6}。$(La/Yb)_N$ 为 $10.34 \sim 16.36 \times 10^{-6}$，平均值为 12.55×10^{-6}，轻重稀土分异程度高，轻稀土富集；$(La/Sm)_N$ 为 $4.49 \sim 5.42 \times 10^{-6}$，平均值为 4.85×10^{-6}，轻稀土内部分异程度高；$(Gd/Yb)_N$ 为 $1.20 \sim 1.71 \times 10^{-6}$，平均值为 1.52×10^{-6}，重稀土分异程度较高。

如图 4-20，曲线形态相近，向右倾斜，轻稀土较重稀土富集，有一定的 Eu 负异常。Dx15-2 的稀土元素含量比其余 4 个样品低，可能是由于这几个样品中 Dx15-2 受到的硅化作用最强烈有关。

2. 泥盆系灰岩

灰岩样品共 10 个，含矿样 3 个，无矿样 7 个，为泥盆系唐家湾组灰岩。

泥盆系灰岩含矿样品的 $\sum$REE 为 $21.58\times10^{-6}\sim93.19\times10^{-6}$，平均值为 58.43×10^{-6}。$(La/Yb)_N$ 为 $5.11\sim7.11$，平均值为 6.18，轻重稀土分异程度高；$(La/Sm)_N$ 为 $2.31\sim3.04$，平均值为 2.77，轻稀土内部分异程度较高；$(Gd/Yb)_N$ 为 $1.07\sim1.82$，平均值为 1.54，重稀土分异程度较高。稀土元素配分模式图如图 4-21 所示。

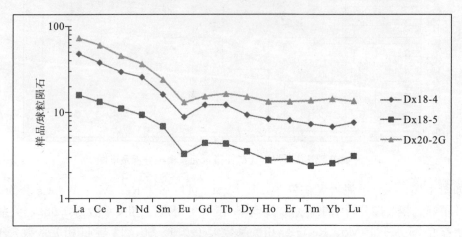

图 4-21　泥盆系灰岩含矿样稀土元素配分模式图

如图 4-26，曲线向右倾斜，轻稀土较重稀土更富集，有明显的 Eu 负异常。Dx18-5 中稀土元素含量最低，Dx20-2G 最高。Dx18-4 和 Dx18-5 与 Dx20-2G 形态含量差异都较大，这是受矿化活动的影响，矿床内部元素分布极不均匀引起的。Dx18-4 和 Dx18-5 这两个样品采样点很近，但和 Dx20-2G 相距较远。

对泥盆系灰岩无矿样的微量元素作聚类分析，得相关关系系谱图（图 4-22）。

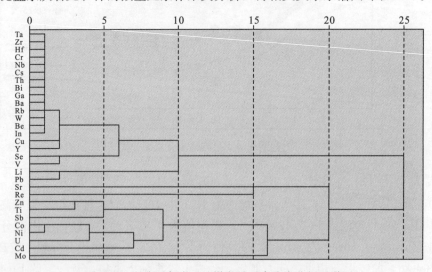

图 4-22　泥盆系灰岩无矿样微量元素聚类分析系谱图

据图 4-22，U 与 Ni，Co，Cd，Sb，Tl，Zn 这些元素聚为一类，由相关分析结果知，它们与 U 相关系数分别为 0.761、0.834、0.579、0.726、0.757、0.758，可见与 U 相关性最好的是 Co，其次为 Ni、Tl、Zn、Sb。

样品的 $\sum REE$ 为 $5.11\sim117.56\times10^{-6}$，平均值为 33.22×10^{-6}。$(La/Yb)_N$ 为 $5.09\sim$
15.17，平均值为 8.20，轻重稀土分异程度高，轻稀土富集；$(La/Sm)_N$ 为 $1.64\sim6.66$，
平均值为 3.89，轻稀土内部分异程度高；$(Gd/Yb)_N$ 为 $0.97\sim1.42$，平均值为 1.48，重
稀土分异程度较高。稀土元素配分模式图如图 4-23 所示。

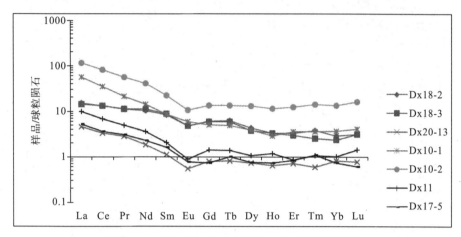

图 4-23　泥盆系灰岩无矿样稀土元素配分模式图

如图 4-28 所示，曲线右倾，由于采样地点相距很远，曲线形态差异很大。曲线斜
率、重稀土元素分布都有所不同。Dx10-1 无明显 Eu 异常，其余样品皆有一定 Eu 负
异常。

3. 泥盆系粉砂岩

泥盆系粉砂岩样品只有两个，都不含矿。Dx15-1 为郁江组底部的泥质粉砂岩，
Dx17-1 为莲花山组的泥质粉砂岩。

样品的 $\sum REE$ 平均值为 79.43×10^{-6}。$(La/Yb)_N$ 平均值为 15.29，轻重稀土分异
程度很高；$(La/Sm)_N$ 平均值为 5.83，轻稀土内部分异程度高；$(Gd/Yb)_N$ 平均值为
1.54，重稀土分异程度较高。稀土元素配分模式图如图 4-24 所示。

据图 4-24，两个样品的曲线都向右倾，形态相近，重稀土部分稍有差异，都有轻微
的 Eu 负异常。

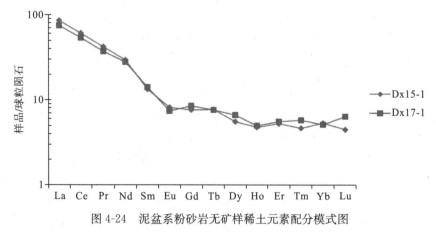

图 4-24　泥盆系粉砂岩无矿样稀土元素配分模式图

4.1.2.2 寒武系样品

寒武系碎屑岩样共采集 4 个，均为无矿样，作聚类分析树状图（图 4-25）。

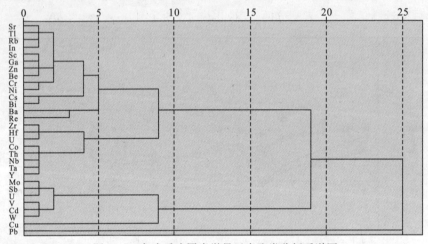

图 4-25　寒武系碎屑岩微量元素聚类分析系谱图

寒武系碎屑岩聚类分析相关关系系谱图（图 4-25）显示，寒武系碎屑岩中与 U 聚为一类的元素包括 Sb、Mo、V、Cd、W、Cu，由相关性分析，它们与 U 的相关系数分别为 0.993、0.990、0.826、0.843、0.930 和 0.413，可见与 U 关系最密切的元素是 Sb、Mo，其次是 W、V、Cd。

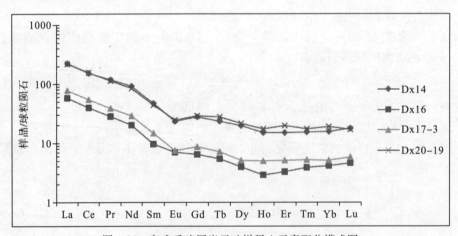

图 4-26　寒武系碎屑岩无矿样稀土元素配分模式图

样品的 $\sum$REE 为 $55.97 \times 10^{-6} \sim 227.71 \times 10^{-6}$，平均值为 146.85×10^{-6}。$(La/Yb)_N$ 为 $11.52 \sim 15.38$，平均值为 13.81，轻重稀土分异程度高，轻稀土富集；$(La/Sm)_N$ 为 $4.72 \sim 5.98$，平均值为 5.25，轻稀土内部分异程度高；$(Gd/Yb)_N$ 为 $1.53 \sim 1.75$，平均值为 1.64，重稀土分异程度较高。稀土元素配分模式图如图 4-26 所示。

曲线向右倾斜，重稀土分布平缓，Dx14、Dx16 和 Dx17-3 曲线特征相似，在 Eu 处都形成了 "V" 字形谷，有一定的 Eu 负异常，只是 Dx14 和 Dx16 中稀土元素含量远高于 Dx17-3；Dx20-19 稀土元素含量最低，无明显的 Eu 异常。

4.1.2.3　不同岩性样品微量、稀土元素特征小结

通过聚类分析和相关分析，本节确定不同地层岩性样品中与 U 相关较好的元素组合，整理如表 4-17 所示。

表 4-17　不同地层岩性样品与 U 密切相关的元素组合

地层岩性		与 U 相关元素组合		
		0.01 水平上显著相关	0.05 水平上显著相关	其余相关系数>0.5
泥盆系泥岩	含矿样	Mo、Be、Cu、Ni、Zn、Sb、Sc、Y、V、Cd、Co		
	无矿样	Sr	Mo、Sb、Re、Tl	V、Zn、Rb、Cs、W、Bi
泥盆系灰岩	含矿样	Cr、Nb、Th	Rb、Y、Sb、Ta、Pb、Zr、Hf	Li、Be、Sc、V、Cu、Ga、Mo、Cd、In、Cs、Ba、W
	无矿样		Co、Ni、Zn、Sb、Tl	Cd
寒武系粉砂岩	无矿样	Sb	Mo	V、Cd、W

注：泥盆系粉砂岩样品太少，利用 SPSS 不能作出有效的聚类和相关分析。

据表 4-17，不同岩性的样品中，与 U 相关性较好的微量元素组合不同，有一定的相似性；同一岩性的含矿样和无矿样也有很大差异。对比泥盆系灰岩和泥岩，灰岩含矿样、泥岩含矿样、泥岩无矿样中 U 都与 Mo、Sb、V 三个元素关系较密切，并且在泥岩含矿样中相关性明显更好。对比寒武系粉砂岩和泥盆系泥岩灰岩含矿样，U 都与 Mo、Sb、V、Cd 关系较密切，表明成矿物质可能部分是来自寒武系砂岩和泥盆系泥岩。

为了对比不同地层岩性样品中微量元素特征，取其平均值，作折线图（图 4-27）。

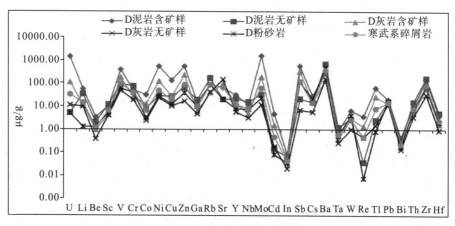

图 4-27　不同岩性样品微量元素平均含量折线图

由图 4-27 可以看出，U 平均含量在泥盆系泥岩含矿样中最高，为 1437.12×10^{-6}，与 U 相关性好的元素 Mo、Cu、Zn、Ni、V、Co 也在泥盆系泥岩含矿样含量中最高。泥盆系灰岩含矿样中，U 含量仅有 110.47×10^{-6}，其他地层、岩性样品中 U 含量更低，表明成矿元素最易富集于泥盆系泥岩中，即大新铀矿床泥岩是有利的铀源层。

4.1.3　矿床内部典型剖面特征

4.1.3.1　垂直剖面特征

大新铀矿床采矿场南东侧东端，出露一个十分复杂的垂直剖面（图 4-28），出露的岩石 γ 值很高，表明其矿化十分强烈。剖面顶部是灰白色硅化矿质体，其下依次为：

A：黄褐色褐铁矿化岩石，有少量溶蚀孔，表面有一层薄层白色物质，其中可见次生铀矿物；

B：灰白硅化砂质岩体，A、B 两层共厚 20 cm，$\gamma=4943$；

C：中层黄褐色泥岩，分层厚 20 cm，$\gamma=7060$；

D：黄色薄层和铁褐色泥岩互层，分层厚 20 cm，$\gamma=6571$；

E：桔黄色泥岩，单层厚 2～3 cm，发育两组解理，分层厚 30 cm，$\gamma=3716$；

F：薄-中层层状泥岩，分层厚 70 cm，$\gamma=2686$；

G：灰黑-灰白色、中-厚层块状灰岩，发育少量溶蚀孔，分层厚 90 cm，$\gamma=1395$；

H：灰白色粉砂质泥岩，分层厚 30 cm，$\gamma=1146$。

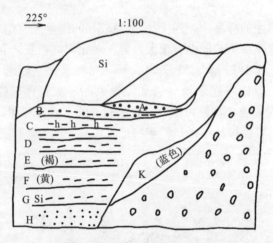

图 4-28　矿床内部剖面示意图

作微量元素在各层中平均含量折线图如图 4-29～图 4-32 所示。对在该剖面各层采得的样品分析结果表明，不同元素在不同层位含量变化明显。由图 4-29、图 4-30、图 4-31、图 4-32 可见，U、Mo、Cd、Ni、Zn、Sb、V、Cu、Y、Sc、Be 含量变化呈正相关关系，相关分析也显示，这些元素与 U 在 0.01 水平上相关系数都大于 0.75，多数大于 0.9，相关性显著。这些元素在剖面上半部分（A、C、D 层）中的含量很高（尤其是 U 和 Mo，U 最高达 10000×10^{-6} 以上），且明显高于它们在剖面下半部分（E、F、G、H 层），这与测得的 γ 变化基本相符，也说明在垂直方向上，成矿元素可能有一个向上迁移富集的运移过程。

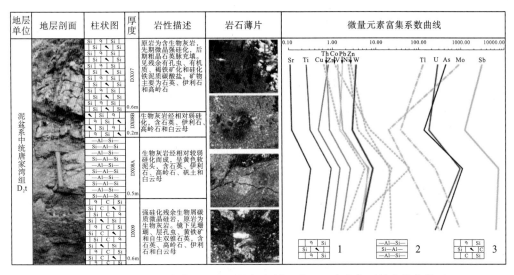

图 4-29　大新铀矿床典型硅化生物灰岩剖面微量元素富集系数变化曲线图

1. 黄色强硅化残余生物屑灰岩；2. 黄色弱硅化铝土质软泥；3. 强硅化残余生物屑碳质灰岩；

A. 微晶石英；B. 粗晶石英脉；C. 硅化残余有孔虫；D. 铁泥质碳酸盐；E. 强硅化残余珊瑚；F. 双晶石英

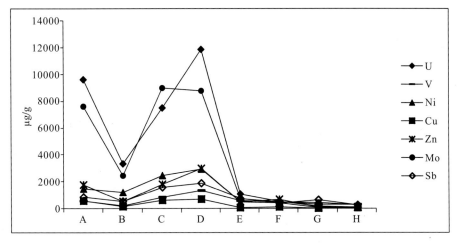

图 4-30　U 等元素在剖面各层含量折线图

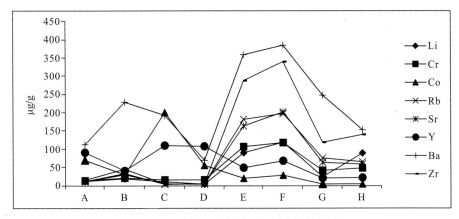

图 4-31　Li 等元素在剖面各层含量折线图

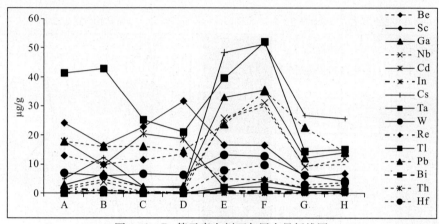

图 4-32 Be 等元素在剖面各层含量折线图

B 层处于剖面的上半部分，但其微量元素含量与 A、C、D 有明显差异，这是因为 B 层的岩性与 A、C、D 不同。B 层岩石硅化强烈，也有一定的影响。

该剖面上各层样品的 $\sum$REE 为 $67.58 \times 10^{-6} \sim 244.76 \times 10^{-6}$，平均值为 142.80×10^{-6}。$(La/Yb)_N$ 为 $0.09 \sim 6.07$，平均值为 2.81，轻重稀土分异程度较低；$(La/Sm)_N$ 为 $0.14 \sim 4.12$，平均值为 1.99，轻稀土内部分异程度较高，轻稀土富集；$(Gd/Yb)_N$ 为 $0.57 \sim 1.30$，平均值为 0.85 重稀土分异程度低。

其他元素多表现为在 B、E、F 层中含量高，而在其他层位中含量低。相关分析显示，这些元素都与 U 呈负相关。结合图 4-29 和图 4-30，A、C、D 层铀矿化最强烈。

该剖面稀土元素配分模式如图 4-33 所示。

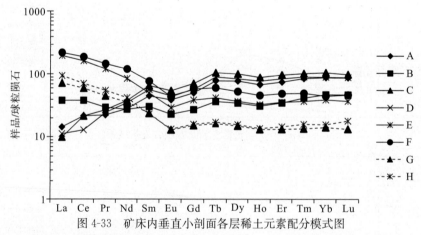

图 4-33 矿床内垂直小剖面各层稀土元素配分模式图

图 4-33 表明，稀土元素配分模式曲线为左倾，轻重稀土比值小于 1，重稀土的含量也比其余各层高，重稀土明显富集；E、F、G、H 层曲线则表现右倾，$w(La)/w(Sm)$ 为 $2.9 \sim 4.1$，轻稀土富集；B 层曲线趋于平缓，但各层都存在一定的 Eu 负异常。

4.1.3.2 水平剖面特征

研究中，在大新矿床本部实测了地质剖面（图 4-34），采集了矿石、围岩、方解石等样品，分析了微量元素和稀土元素，下面将其特征分析如下。

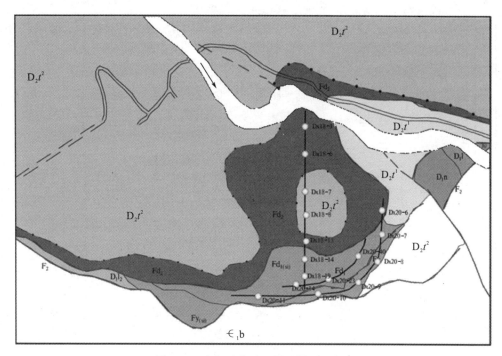

图 4-34　大新矿床平面图及剖面示意图

1. 微量元素特征

结合表 4-18 中岩石微量元素数据，可得出相对富集系数图（相对于东部碳酸盐岩值），从图 4-35 可以看出，矿区岩石中相对富集 Sc、V、Co、Ni、Cu、Zn、Cd、Cs、Ba、W、Th，显著富集 Mo、Sb、Tl、U，其中个别样品的 Mo、Sb、Tl 富集系数达到 1000 倍以上。Sb、Ba 在海水中的含量很低，一般不能在正常的沉积物中富集，而在现代海底热水中含量很高，是热水沉积重要的标志元素。大新矿区内 Sb、Ba 富集，特别是 Sb 的平均富集系数高达 899，Ba 的平均富集系数也达到 25，说明矿区受一定的热水作用，同时 Mo 是现代海洋中最易富集的元素，Jacobs 等证实钼与黄铁矿共同沉积于缺氧的环境，样品中 Mo 的含量远远高于陆壳丰度，表明该矿区岩石可能沉积于缺氧的环境里。

根据野外采样记录和样品分析数据中 U 的含量，U 含量大于 300×10^{-6} 的样品为矿石样，U 含量小于 20×10^{-6} 的样品为围岩样（图 4-36、图 4-37），从图中可以看出，矿床围岩样品与矿石样品的组合规律及其相似，富集系数也比较一致，说明他们的来源具有同源性。相对于围岩样品，矿石样品富集 V、Cr、Co、Ni、Zn、Sb、Mo、Ba、Sb、W、U。

一些微量元素的离子态与 Ca^{2+} 在化学键性、离子半径和价电荷等方面相差较大，如 Co、Ni、Zn、Cd、Sb、Tl、Mo、As、Bi、Pb 等，它们最可能以非类质同象混入物形式（如显微包裹体、晶格缺陷等）存在于方解石中。根据目前的研究，成岩流体在方解石沉淀以后对其中的微量元素影响很小，所以方解石微量元素特征（不包含 REE）可以指示成矿流体的某些地球化学信息。

表 4-18　大新矿床样品微量元素含量

单位：×10⁻⁶ → 单位：$\times 10^{-6}$

样品原号	岩性	Li	Be	Sc	V	Cr	Co	Ni	Cu	Zn	Ga	Rb	Sr	Nb
Dx18-1	Fd块状角砾硅化岩	1.28	0.13	4.80	32.10	5.05	2.92	35.70	7.01	25.20	0.73	4.49	142.00	0.79
Dx18-10	Fd黑色胶结物	30.00	1.75	8.43	491.00	83.90	14.00	146.00	26.00	156.00	22.20	172.00	113.00	19.20
Dx18-12	Fd铁质胶结物	4.16	0.42	4.39	101.00	13.60	12.40	88.50	22.50	88.40	2.83	23.30	136.00	2.63
Dx18-15	Fy浅黄色硅化组分	2.47	0.19	2.73	81.60	7.12	11.00	123.00	19.10	89.50	1.32	7.72	188.00	0.98
Dx18-16	黑色碳质泥岩	41.00	1.56	10.30	547.00	83.30	87.80	1140.0	57.70	1039.0	21.40	110.00	57.10	15.90
Dx18-17	Fy黑色碳质泥岩	24.50	1.70	5.34	144.00	43.80	4.25	58.30	24.60	75.10	13.20	72.60	42.20	8.53
Dx18-2	Fd块状角砾硅化灰岩	2.09	0.03	6.47	54.80	7.02	3.71	33.40	12.60	22.20	0.96	6.21	139.00	0.95
Dx18-3	Fd灰黑色角砾状灰岩	1.40	0.11	5.73	67.30	6.33	3.48	32.40	4.76	14.30	0.86	6.03	114.00	0.77
Dx18-4	Fd角砾状灰岩	7.20	0.66	3.21	131.00	22.10	27.90	214.00	30.60	529.00	4.87	35.90	59.80	4.41
Dx18-5	Fd灰黑色角砾状灰岩	1.52	0.08	3.85	65.60	7.35	4.64	46.60	5.81	32.20	1.04	7.42	140.00	0.80
Dx18-9	铁质胶结物	6.70	0.59	4.69	112.00	19.80	31.90	244.00	30.00	340.00	4.23	35.10	106.00	4.32
Dx18-3-1	脉状方解石	0.06	0.07	2.29	47.20	1.88	1.37	22.30	1.52	4.37	0.18	0.14	106.00	0.01
Dx18-6	晚期脉状方解石	0.18	0.03	0.90	14.10	2.57	1.67	21.20	2.06	5.51	0.24	0.32	57.00	0.03
Dx18-7	早期脉状方解石	0.13	0.10	0.89	18.10	2.06	1.40	22.30	1.69	4.84	0.19	0.08	22.30	0.01
Dx18-8	较晚期脉状方解石	0.26	未检出	0.84	14.00	2.12	1.65	22.20	2.03	2.58	0.20	0.24	69.60	0.01
Dx18-13	细脉状方解石	0.13	0.02	1.71	28.80	2.17	1.72	22.80	1.51	1.04	0.15	0.08	100.00	0.02
Dx20-7	方解石	0.22	0.09	0.94	22.50	1.97	1.48	22.30	1.16	1.73	0.29	0.19	399.00	0.01
Dx20-9	方解石	0.07	0.17	1.39	98.80	2.08	2.39	22.80	1.91	20.00	0.24	0.14	194.00	0.01
Dx20-10	红色方解石细脉	1.87	未检出	1.23	14.20	2.78	2.56	24.10	2.51	4.38	0.34	1.79	123.00	0.04

样品原号	Mo	In	Cd	Sb	Cs	Ba	Ta	W	Re	Tl	Bi	Pb	U	Th	Hf	Zr
Dx18-1	62.00	0.01	0.28	5.65	0.78	14.90	0.04	0.36	0.04	1.65	0.05	4.33	10.80	1.03	0.15	5.18
Dx18-10	259.00	0.06	0.90	966.00	62.30	274.00	1.48	6.36	24.30	251.00	1.27	71.80	79.20	11.50	6.91	197.00
Dx18-12	105.00	0.02	0.66	123.00	7.34	37.40	0.19	0.89	0.83	22.20	0.17	7.33	88.50	3.93	0.80	28.00

样品原号	Mo	Cd	In	Sb	Cs	Ba	Ta	W	Re	Tl	Pb	Bi	Th	U	Zr	Hf
Dx18-15	77.30	0.31	0.01	77.70	3.41	18.20	0.07	0.51	1.32	27.30	5.80	0.11	1.90	44.40	12.70	0.38
Dx18-16	727.00	2.59	0.13	418.00	72.80	276.00	1.17	10.10	2.80	142.00	36.40	0.60	19.00	592.00	165.00	5.12
Dx18-17	338.00	0.53	0.02	262.00	34.00	340.00	0.62	4.76	12.00	54.60	8.45	0.26	3.20	90.90	85.50	2.34
Dx18-2	13.30	0.49	0.01	10.30	1.93	17.40	0.08	0.55	0.11	3.17	3.29	0.06	2.17	17.40	9.55	0.19
Dx18-3	4.44	0.14	0.01	7.05	1.35	16.30	0.06	0.26	0.05	1.77	2.73	0.11	1.61	16.70	6.71	0.18
Dx18-4	69.10	2.30	0.05	318.00	15.50	153.00	0.37	2.03	3.55	62.10	12.70	0.25	4.94	103.00	54.10	1.68
Dx18-5	11.80	0.32	0.02	17.80	2.46	18.60	0.07	0.34	0.27	4.25	2.88	0.07	1.31	33.40	8.39	0.33
Dx18-9	189.00	1.00	0.05	168.00	10.50	110.00	0.32	1.50	1.51	31.50	9.31	0.24	4.37	328.00	43.80	1.36
Dx18-3	0.98	0.75	0.01	0.36	0.06	12.10	0.00	0.04	0.00	0.11	0.60	0.12	0.18	3.52	0.28	0.01
Dx18-6	0.83	6.75	0.01	0.60	0.03	13.90	0.01	0.15	未检出	0.08	1.60	0.02	0.16	5.94	0.63	0.03
Dx18-7	1.03	0.87	0.01	0.47	0.07	12.60	0.00	0.03	未检出	0.12	0.28	0.00	0.03	2.51	0.35	0.02
Dx18-8	0.51	6.73	0.01	0.30	0.92	9.78	0.00	0.04	未检出	0.10	2.18	0.01	0.08	1.15	0.26	未检出
Dx18-13	0.75	3.93	0.13	0.12	6.87	49.30	0.00	0.03	0.00	0.06	0.29	未检出	0.70	12.50	0.63	0.02
Dx20-7	0.57	0.38	0.01	0.32	0.40	2.20	0.01	0.01	0.00	0.09	7.43	0.01	0.22	0.78	0.29	未检出
Dx20-9	1.20	2.25	0.01	1.18	0.03	2.13	0.00	0.06	0.01	0.52	0.85	0.01	0.09	5.21	0.62	0.03
Dx20-10	1.13	0.78	0.01	2.57	1.94	4.21	0.01	0.06	0.01	0.23	2.92	0.02	0.52	1.99	1.99	0.09

从图 4-38 和图 4-39 可以看出，矿区方解石脉体相对于中国东部碳酸盐岩，相对富集 U、Sb、Mo、Cd、V、Co、Ni，相对亏损 Rb、Tl、Pb、Th、Nb、Zr、Hf、Sr、Zn、Cr。研究显示，Mo 属于高温成矿元素，通常与岩浆热液相关，Co、Ni 是典型的地幔元素，同时结合典型的高场强元素 Nb、Zr、Hf、Th 的相对亏损，推测矿区方解石脉体的形成可能与深源流体有关。

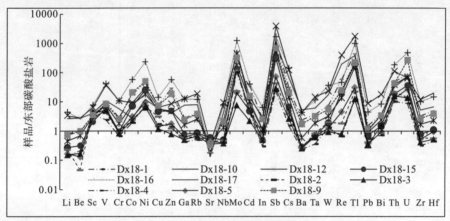

图 4-36　大新铀矿床岩石样品微量元素富集系数图

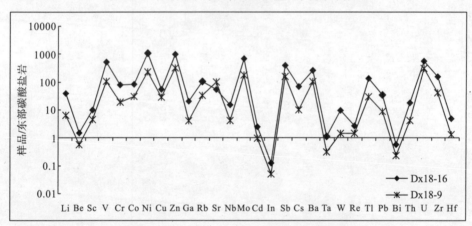

图 4-37　大新矿床矿石样品微量元素富集系数图

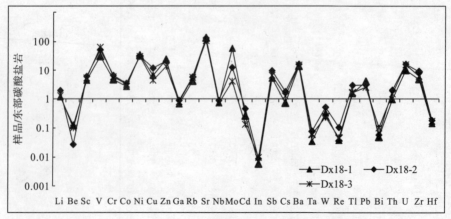

图 4-38　大新矿床围岩样品微量元素富集系数图

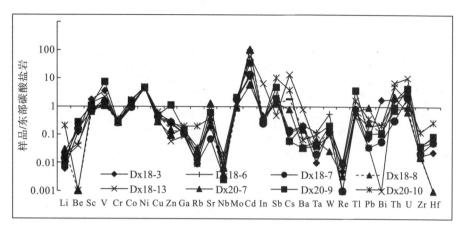

图 4-39　大新铀矿床方解石脉体微量元素富集系数图

通过 SPSS 软件对大新矿床岩石样品的微量元素数据进行 R 型聚类分析，统计结果如图 4-40 所示，可以看出矿石样品中的元素相关性都比较好，与 U 聚成一类的有 Co、Ni、Zn、In、Cu、Cd。

从图 4-41 可以看出，U 与 Co、Ni、In、Zn、Cu、Mo 相关性较高，R^2 分别达到 0.920、0.875、0.827、0.817、0.780、0.743，反映了 U 与 Co、Ni、Zn、Mo 具有高度同源性，Co、Ni 是典型的地幔元素，Zn 为典型的中低温热液元素，Mo 是高温热液元素，这些元素地球化学标志都表明了大新铀矿床具有热液成因。

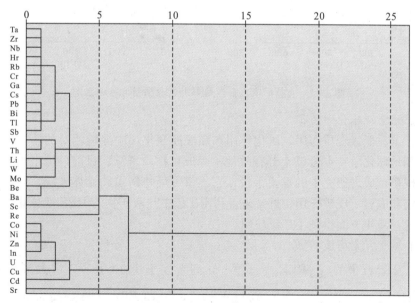

图 4-40　大新矿床岩石样品微量元素 R 型聚类分析谱系图

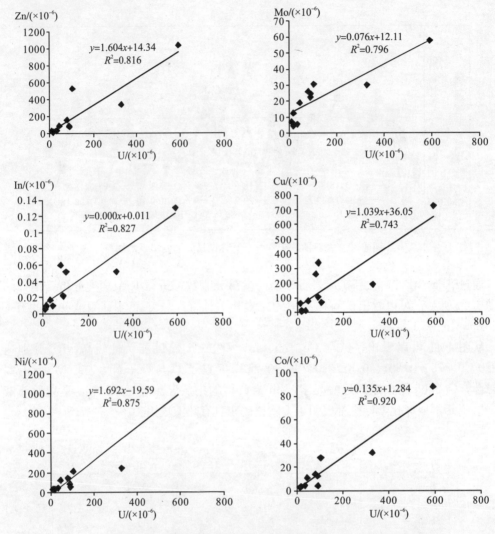

图 4-41　大新矿床岩石样品 U 与部分微量元素关系图

2. 稀土元素地球化学特征

稀土元素在低级变质作用、风化作用和热液蚀变作用中保持相对的不活泼性，因此稀土元素的地球化学特点可以十分有效地示踪成矿物质来源。目前，稀土元素地球化学已经成为成矿、成岩研究中的重要手段，它不仅可反映矿质和流体来源，而且可示踪流体活动踪迹和成岩、成矿作用。近年来，利用矿床中热液矿物的 REE 地球化学在示踪成矿流体来源与演化方面得到了广泛应用。

1) 岩石稀土元素组成特征

大新矿床岩石中的 $\sum$REE 高低不一，高者大于 100×10^{-6}，但大多数低于 50×10^{-6}，$\sum$HREE 为 $2.62\times10^{-6}\sim20.96\times10^{-6}$，$\sum$LREE$/\sum$HREE 为 $3.13\sim15.46$，$(La/Yb)_N$ 为 $2.80\sim16.50$，均值为 7.34。δEu 为 $0.54\sim0.96$，δCe 的异常不明显。

矿床岩石样品的稀土元素配分模式图显示其分布曲线为右倾型，轻稀土元素相对富集，重稀土元素相对亏损，曲线总体比较平缓，LREE 略微右倾，HREE 比较平缓。在

Eu 出现低谷，表明具有明显的负 Eu 异常。矿石样品的稀土元素总量总体高于围岩样品。矿石样品和围岩样品的 $\sum$ REE 配分模式近似平行，说明它们的来源有一定的继承性。

2) 脉体稀土元素组成特征

表 4-19 表明，矿区方解石 $\sum$ REE 总量较低、变化幅度较小，为 $3.60 \times 10^{-6} \sim 11.97 \times 10^{-6}$，均值为 9.5×10^{-6}。$\sum$ LREE 为 $2.73 \times 10^{-6} \sim 9.16 \times 10^{-6}$，$\sum$ HREE 为 $0.87 \times 10^{-6} \sim 2.69 \times 10^{-6}$，$\sum$ LREE/$\sum$ HREE 为 $2.82 \sim 6.05$，$(La/Yb)_N = 2.62 \sim 6.24$，均值为 4.13。轻稀土富集明显，配分模式为右倾型。δCe 为 $0.90 \sim 1.27$，异常不明显。δEu 为 $0.55 \sim 1.87$，DX18-6、DX18-8、DX20-7、DX20-10 四个样品的存在正 Eu 异常，DX18-3、DX18-7、DX18-13、DX20-9 四个样品的存在明显的负 Eu 异常。

稀土元素进入热液方解石主要是通过 Ca^{2+} 与 REE^{3+} 之间的置换，由于 $LREE^{3+}$ 的离子半径比 $HREE^{3+}$ 的离子半径更接近于 Ca^{2+}，从而使 LREE 比 HREE 更容易置换晶格中的 Ca^{2+} 而进入方解石，故从热液体系中沉淀出的方解石应该富集 LREE。而且，在许多热液矿床中，热液成因的方解石往往也表现出 LREE 相对富集、HREE 相对亏损以及 REE 分配曲线右倾的特征。

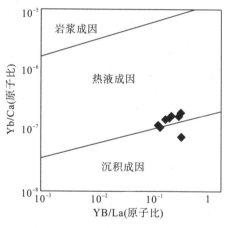

图 4-42　方解石 Yb/Ca-Yb/La 图

Yb/Ca-Yb/La 图是判断方解石形成与演化的有效工具（由于 Ca 与稀土含量相差 5 或 6 个数量级，本书在计算 Yb/Ca 时直接采用 Ca 的理论值），从图 4-42 可以看出，矿区方解石主要投影在热液成因区，结合热液方解石的稀土元素分配曲线一般为右倾的特征都说明矿区方解石属热液成因。

大新矿区的主要赋矿层为灰岩、泥岩和硅质岩等黑色岩系，结合围岩和矿石的数据（图 4-43、图 4-44）可以看出，从围岩-矿石-方解石成矿流体的 REE 配分模式都大致相同，均为右倾型轻稀土富集配分模式，方解石成矿流体与相关岩石的 REE 有继承演化的特点。

其中有 4 件方解石样品出现了正 Eu 异常，而赋矿岩层和矿石均未出现正 Eu 异常。可能的解释为成矿流体在上升运移的过程中存在其他性质流体的加入，方解石成矿流体应该有多种混合来源。

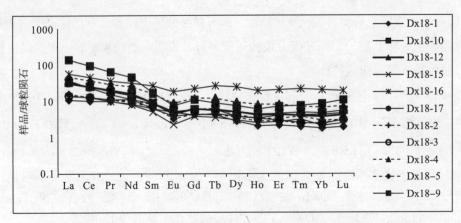

图 4-43　大新矿床岩石样品球粒陨石标准化配分模式图

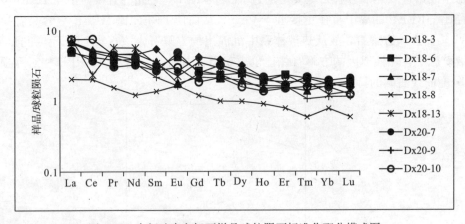

图 4-44　大新矿床方解石样品球粒陨石标准化配分模式图

3)稀土元素来源

为确定稀土元素来源,将样品稀土元素数据投入 La/Yb-Ce/La 和 La/Yb-$\sum$REE 图解(图 4-45)中,从图 La/Yb-$\sum$REE 中可以看出,岩石除 1 个落在玄武岩区,其他样品均落在沉积岩区,方解石样品均位于沉积岩与原始地幔之间。上述结果说明方解石成矿流体受原始地幔影响。从 La/Yb-Ce/La 图(图 4-46)中可看出,大部分岩石样品和方解石均落在重叠区域,可以说明矿床形成时期内存在热水活动。

表 4-19　大新矿床样品稀土元素含量　　　　　　　　单位:×10^{-6}

样品原号	La	Ce	Pr	Nd	Sm	Eu	Gd	Tb	Dy	Ho	Er
Dx18-1	2.56	6.20	0.94	3.88	0.94	0.22	0.89	0.16	0.70	0.12	0.36
Dx18-10	33.60	59.00	6.20	21.60	2.63	0.44	2.27	0.33	1.91	0.34	1.20
Dx18-12	7.52	15.50	1.92	7.48	1.38	0.26	1.26	0.21	1.30	0.23	0.71
Dx18-15	3.31	7.94	0.95	3.71	0.77	0.13	0.78	0.13	0.76	0.14	0.45
Dx18-16	13.70	28.40	3.45	14.90	4.12	1.07	4.57	1.00	6.28	1.10	3.44
Dx18-17	8.94	14.50	1.47	5.28	0.94	0.29	0.84	0.17	0.97	0.19	0.67

样品原号	La	Ce	Pr	Nd	Sm	Eu	Gd	Tb	Dy	Ho	Er
Dx18-2	3.52	8.00	1.05	4.77	1.26	0.28	1.25	0.23	1.08	0.18	0.55
Dx18-3	3.38	7.93	1.06	5.26	1.33	0.27	1.21	0.22	0.95	0.19	0.49
Dx18-4	11.30	22.90	2.80	11.90	2.47	0.51	2.51	0.45	2.35	0.47	1.33
Dx18-5	3.77	8.04	1.05	4.34	1.05	0.19	0.90	0.16	0.89	0.16	0.47
Dx18-9	8.02	15.80	1.79	6.78	1.39	0.30	1.21	0.23	1.31	0.25	0.76
Dx18-3	1.60	3.14	0.44	2.10	0.82	0.15	0.85	0.14	0.80	0.12	0.39
Dx18-6	1.16	2.56	0.36	1.81	0.46	0.24	0.55	0.09	0.62	0.11	0.39
Dx18-7	1.62	3.22	0.43	2.17	0.54	0.10	0.44	0.08	0.50	0.08	0.26
Dx18-8	0.48	1.23	0.15	0.57	0.21	0.10	0.25	0.04	0.25	0.05	0.13
Dx18-13	7.54	21.40	2.89	11.30	5.27	0.25	6.91	2.00	12.00	2.01	6.13
Dx20-7	1.21	2.28	0.29	1.51	0.41	0.28	0.51	0.12	0.66	0.12	0.28
Dx20-9	1.58	3.00	0.39	1.57	0.33	0.09	0.50	0.09	0.44	0.09	0.27
Dx20-10	1.76	4.60	0.42	1.79	0.41	0.17	0.38	0.08	0.40	0.08	0.25

样品原号	Tm	Yb	Lu	Y	$\sum$REE	LREE	HREE	LREE/HREE	$(La/Yb)_N$	δEu	δCe
Dx18-1	0.05	0.30	0.05	3.59	17.37	14.74	2.62	5.62	6.06	0.74	0.89
Dx18-10	0.19	1.46	0.28	10.50	131.46	123.47	7.99	15.46	16.51	0.54	0.98
Dx18-12	0.10	0.64	0.11	6.46	38.62	34.06	4.57	7.46	8.38	0.58	0.93
Dx18-15	0.08	0.36	0.06	4.54	19.57	16.81	2.76	6.08	6.63	0.51	0.98
Dx18-16	0.56	3.51	0.49	34.00	86.60	65.64	20.96	3.13	2.80	0.75	1.08
Dx18-17	0.11	0.73	0.12	4.91	35.21	31.41	3.80	8.27	8.74	0.96	0.99
Dx18-2	0.10	0.50	0.08	5.22	22.84	18.88	3.97	4.76	5.09	0.67	0.89
Dx18-3	0.06	0.40	0.08	5.19	22.83	19.23	3.60	5.35	6.05	0.65	1.01
Dx18-4	0.18	1.14	0.19	12.90	60.50	51.88	8.62	6.02	7.11	0.62	1.02
Dx18-5	0.06	0.43	0.08	4.90	21.58	18.44	3.15	5.86	6.30	0.58	0.97
Dx18-9	0.13	0.81	0.14	7.57	38.90	34.08	4.83	7.06	7.12	0.68	0.97
Dx18-3	0.04	0.30	0.04	3.59	10.94	8.25	2.69	3.07	3.81	0.55	0.98
Dx18-6	0.05	0.29	0.05	3.82	8.73	6.59	2.14	3.08	2.85	1.46	0.90
Dx18-7	0.04	0.28	0.04	3.41	9.79	8.08	1.71	4.72	4.21	0.62	0.96
Dx18-8	0.02	0.13	0.02	1.44	3.60	2.73	0.87	3.12	2.62	1.28	0.92
Dx18-13	1.14	0.21	0.03	3.40	79.09	48.65	30.43	1.60	26.13	0.13	1.13
Dx20-7	0.06	0.33	0.05	3.69	8.09	5.97	2.12	2.82	2.65	1.87	0.92
Dx20-9	0.03	0.19	0.03	3.36	8.60	6.97	1.63	4.27	5.87	0.71	0.92
Dx20-10	0.04	0.26	0.03	2.51	10.67	9.16	1.51	6.05	4.78	1.31	0.91

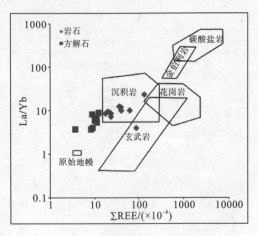

图 4-45　大新矿床样品 La/Yb-$\sum$REE 图解

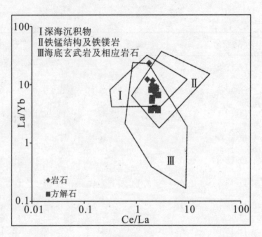

图 4-46　大新矿床样品 La/Yb-Ce/La 图解

4.1.4　同位素地球化学特征

4.1.4.1　方解石脉碳氧同位素地球化学特征

稳定同位素是成矿物质来源、成矿物理化学条件、成矿机制和演化历史的有效指示剂，依据稳定同位素分馏的基本理论，通过同位素组成及其时空演化特征的定性比较和定量评价，能获得大量关于成矿机制的直接信息（Ohmoto，1972；Ohmoto et al.，1997；郑永飞等，2000）。

方解石采样位置见图 4-34，碳氧同位素分析结果数据（表 4-20）表明，大新铀矿床矿石样品中方解石的 $\delta^{13}C_{PDB}$ 为 $-3.96‰\sim0.68‰$，平均值为 $-2.26‰$，极差为 $4.64‰$；$\delta^{18}O_{SMOW}$ 为 $15.44‰\sim19.76‰$，平均值为 $18.18‰$，极差为 $4.32‰$。矿床围岩样品的方解石的 $\delta^{13}C_{PDB}$ 为 $-1.24‰\sim0.76‰$，平均值为 $-0.04‰$，极差为 $2.00‰$；$\delta^{18}O_{SMOW}$ 为 $22.68‰\sim23.73‰$，平均值为 $23.24‰$，极差为 $1.05‰$。碳氧同位素分布如图 4-47 所示。

热液方解石沉淀机制主要有以下几种：①流体与围岩的水-岩反应；②流体混合作用；③CO_2 脱气作用（张国全等，2008）。由流体与围岩的水-岩反应作用或流体混合作用沉淀的方解石，其碳-氧同位素组成一般呈正相关关系；而热液流体发生 CO_2 去气作用时方解石的 $\delta^{13}C_{PDB}$-$\delta^{18}O_{SMOW}$ 则呈负相关关系（郑永飞等，2000）。如图 4-34 所示，大新矿床方解石的 $\delta^{13}C_{PDB}$-$\delta^{18}O_{SMOW}$ 呈正相关关系，说明流体与围岩的水-岩反应作用或流体混合作用是方解石沉淀的最主要机制。

表 4-20　大新矿区方解石分析结果　　　　　　　　　　　　　　　单位：‰

样品编号	$\delta^{13}C_{PDB}$	$\delta^{18}O_{SMOW}$	地点	地层	岩性
Dx18-3	-0.18	18.22		Fd	灰黑色角砾状灰岩中的方解石
Dx18-6	-2.78	19.76	矿床采场	Fd	晚期方解石脉
Dx18-7	-2.33	18.90		Fd	早期方解石脉
Dx18-8	-1.78	17.89		Fd	较晚期方解石脉

样品编号	$\delta^{13}C_{PDB}$	$\delta^{18}O_{SMOW}$	地点	地层	岩性
Dx18-13	−2.08	18.16		Fd	细脉方解石
Dx18-14	−2.82	17.07		Fy	硅化灰岩方解石
Dx18-19	−3.46	15.44		Fy	碳酸岩脉
Dx20-6	−0.69	18.40		Fy	红色方解石
Dx20-7	−2.39	17.65		Fy	白色方解石
Dx20-8	−2.95	18.71	矿床采场	Fy	白色、浅绿色方解石
Dx20-9	−2.58	18.63		Fy	构造发生前期方解石
Dx20-10	0.68	17.52		Fy	红色方解石细脉
Dx20-11	−2.25	17.94		Fy	方解石脉
Dx20-14	0.62	23.73		Fy	蠕状方解石
Dx20-40	−3.21	15.52		Fy	方解石脉
Dx18-11	−1.24	23.64		Fd	方解石脉
Dx20-23	−3.96	17.28	矿床南边缘	寒武系	方解石脉
Dx18-21	−3.44	18.05		寒武系	方解石脉
Dx17-5	0.76	22.68	矿床东段	唐家湾组	灰黑色灰岩
Dx11	−0.29	22.90	矿床西段	唐家湾组	块状炭质微晶灰岩

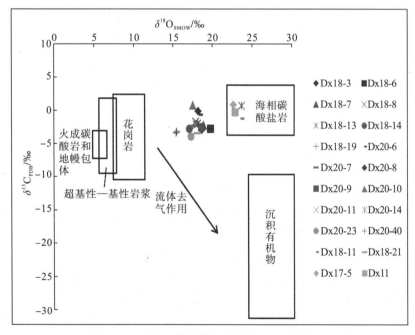

图 4-47　方解石脉体碳、氧同位素组成分布图

如图 4-47，投在海相碳酸盐岩区域的 4 个样品中，有 3 个是围岩样品(Dx11、Dx17-5、Dx18-11)，有 1 个是矿床剖面中的岩石样品(Dx20-40)，但是这个样品的稀土元素配分模式图与矿床剖面的其他样品迥然不同。这说明这个样品与成矿几乎没有关系，可以把他归为围岩一类。因此，可以得出以下结论：①来自围岩的方解石是海相沉积的碳酸盐岩；②与成矿有关的方解石形成的主要机制是流体与围岩的水-岩反应作用或流体

混合作用，更说明了矿床的流体来源是混合来源(图 4-48)。

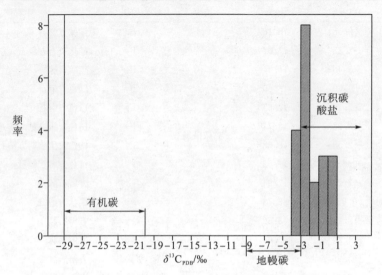

图 4-48　方解石 C 同位素值频率直方图

4.1.4.2　大新及其外围硫同位素特征

在大新矿床 F_2 断层上盘、矿体下部碎屑岩中采集了硫化物样品，同时在靖西雷屯矿点钻孔、德保铜矿等地采集了硫化物样品，做了硫同位素的研究，硫同位素分析结果如表 4-21 所示。

硫同位素数据由北京核工业地质研究院实验测试中心的 EA-Isoprime 仪器测定。具体的实验流程为：碎样至 200 目左右，将烘干的样品称取 3 份，每份约为 $0.10\sim0.12$ mg（包含盛样的锡杯质量）；将称出的样品放入 EA 中，通入纯度为 99.99% 的 O_2，进行高温燃烧，使矿物发生氧化还原反应，以 WO_3 为氧化剂，反应温度为 $1000℃$，瞬时温度达到 $1800℃$（锡杯助燃）；高温燃烧产生纯 SO_2（多余的 O_2 被纯铜吸收），将其导入质谱仪中进行分析，得出硫同位素数据。

在该次研究中，硫同位样品选择黄铁矿、黄铜矿等单矿物样品 10 件(图 4-51)，硫同位素测试的样品均采自靖西铀矿点地层及围岩中，唯一的黄铜矿样品则采自德保铜矿矿石，硫同位素测试结果 $\delta^{34}S_{V\text{-}CDT}$(‰)如表 4-21 所示。

表 4-21　大新铀矿—靖西雷屯铀矿区—德保铜矿床金属硫化物 S 同位素测试结果

样品编号	矿物	检测结果 $\delta^{34}S_{V\text{-}CDT}$/‰	地质情况
J1201-1	黄铁矿	−24.5	雷屯矿区外围辉绿岩，也有观点认为是基性熔岩，其中见黄铁矿呈浸染状脉状及零星分布
J1201-2	黄铁矿	−25.8	
JZK10231-2	黄铁矿	19.5	雷屯矿区黄铁矿的单颗粒大小近 $1.5\sim2$ cm 四方体，可能为沉积作用形成的
JZK10231-5	黄铁矿	−28.2	雷屯矿区郁江组顶部，泥质岩(灰、深灰黑色)岩石中元素组成及黄铁矿

续表

样品编号	矿物	检测结果 δ³⁴S_V-CDT/‰	地质情况
JZK115-5	黄铁矿	−30.1	雷屯矿区郁江组地层,灰色—灰白色灰岩,其中见化石腕足类,另见黄铁矿,团块分布,大小小于 0.5 cm
DB1205	黄铜矿	−1.2	德保铜矿矿石,条带状及局部有团状黄铜矿
Dx02-1	黄铁矿	−8.7	大新外围普井屯矿点原岩灰色基性岩,风化后呈灰白—白色,点处宽约 40 m。岩石中发育大量的细粒黄铁矿和硅质脉,硅质脉和黄铁矿共生在一起充填于原岩的裂隙中。整体上看,岩石的颜色不均匀,局部地方可见白色、黄色成分,可能是岩石风化后的产物。根据岩石的成分推测,岩石可能属中性—碱性岩石,剖面上见一组节理,产状:352°∠72°
Dx20-20	黄铁矿	−32	大新铀矿细粒黄铁矿
Dx20-21	黄铁矿	−33.1	大新铀矿粗粒黄铁矿
Dx20-24	黄铁矿	−35.7	大新铀矿粗粒球状黄铁矿,围岩为灰白色碳质泥岩,灰黑色、灰白色、黄色交替出现

硫同位素是矿床成因和成矿物理化学条件的指示剂,主要有 3 个储存库,即幔源硫($\delta^{34}S = 0 \pm 3‰$)、海水硫($\delta^{34}S = 20‰$)和沉积物中还原硫,其中沉积物中还原硫的同位素值主要以具有较大的负值为特征(毛景文等,2005)。本区地层中未出现重晶石与硫化物的共生矿物组合,且硫化物主要为黄铁矿,故金属硫化物的硫同位素组成可以基本表示热液的总硫同位素组成。

(1)由表 4-21 可见,$\delta^{34}S$ 变化范围较大(−35.7‰~19.5‰),平均值为−19.98‰,除一个样品为正值外,其余全部为负值,且负值相对较集中(图 4-49,图 4-50)。$\delta^{34}S$ 变化范围较大且较分散,局部具有塔式分布的特征,说明其硫同位素发生了一定的分馏作用。

(2)在该区的 JZK10231-2 样品中,黄铁矿颗粒粗大,自形程度高。$\delta^{34}S$ 为+19.5‰,与海水平均硫同位素($\delta^{34}S \approx +20‰$)很接近,表明为明显的海相沉积成因。

(3)大新铀矿区中 Dx20-20、Dx20-21、Dx20-24 等样品中,黄铁矿颗粒由较细小至粗粒均有分布,$\delta^{34}S$ 为−32‰~−35.7‰,表明具有明显的沉积物中还原硫的同位素值特征;较细小与粗粒黄铁矿颗粒相比,粗粒球状黄铁矿的 $\delta^{34}S$ 更小,表明黄铁矿粒度越大,矿物形成时的还原条件越强。

(4)大新外围普井屯矿点中 Dx02-1 黄铁矿 $\delta^{34}S$ 为−8.7‰,该数值介于幔源硫与还原硫之间,与岩浆硫比较,略富重硫。结合地质特征,硅质脉和黄铁矿共生在一起充填于原岩(灰色基性岩)的裂隙中,推测流体来源于深部,同时对沉积还原硫具有重要的继承性,它们可在岩浆形成过程中被均一化;黄铁矿所代表的成矿流体具有明显的深部流体与浅部流体及成矿物质的混合特征。这种混合流体对铀矿的成矿具有重要的成矿意义。

(5)J1201-1、J1201-2、JZK10231-5、JZK115-5 等样品中(附图 20),黄铁矿颗粒较细小,黄铁矿的 $\delta^{34}S$ 为−24‰~−30‰,组成较为稳定,均一化程度较高。值得一提的是,辉绿岩中黄铁矿具有与地层中黄铁矿基本相同的 S 同位素特征,其原因有待进一步研究。

(6)黄铜矿的 $\delta^{34}S$ 为−1.2‰,$\delta^{34}S$ 在 0 附近,为较小的负值,该数据与幔源硫($\delta^{34}S = 0 \pm 3‰$)相吻合,表明硫的来源比较单一,具有地幔硫的特征,显示出德保铜矿床矿体中的硫主要属深源特征。考虑到本区围岩地层中发育有机质,而且硫同位素组成出现较小负值($-1.2‰$)，表明通过还原有机质形成的 H_2S 也可能为成矿提供部分硫源。

终上所述，硫同位素测试结果，为探讨金属硫化物硫源及矿床成因提供了依据。综合分析，推测靖西地区及大新矿区地层及围岩中黄铁矿的硫源主要是海相沉积成因及后生还原成因。从硫同位素看，德保铜矿硫化物为深部岩浆硫为主，即来自深源。大新铀矿区中硫源主要为沉积还原特征，但与成矿相关的样品中出现了明显的深部来源信息，深部流体与浅部流体形成的混合流体对铀矿的成矿具有重要的成矿意义。

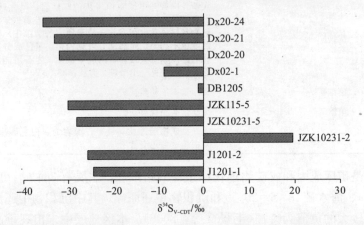

图 4-49　大新铀矿—靖西雷屯矿区—德保铜矿床金属硫化物 S 同位素组成图解

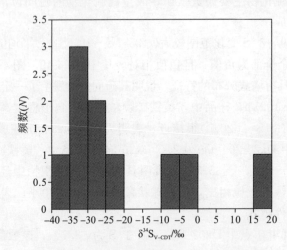

图 4-50　S 同位素频率分布直方图

4.1.5　形成环境探讨

岩石样品中某些微量元素如 V、Ni、Cr、Co 可以作为古海洋环境判别指标（表 4-22）。

Dill 认为，岩石中 V/(V+Ni)>0.57 时，其沉积环境为近海和缺氧环境，而 V/(V+Ni)<0.46 时，其沉积环境为氧化环境。研究区内有 5 个岩石样品 4 个方解石样品低于 0.57，其他都高于 0.57，最高的达到 0.77，说明形成于缺氧环境。

Jones 等认为岩石中 V/Cr>4.25 时，其沉积环境为厌氧环境，而 V/Cr 为 4.25～2.00 时，其沉积环境为贫氧环境，V/Cr<2.00 时，其沉积环境为富氧环境。本区除一个

岩石样品为3.29，低于4.25，其他样品都高于4.25，说明本区形成于水底底层的厌氧环境，为较强的还原环境。

表 4-22　大新矿床微量元素特征数值

样品号	V/V+Ni	V/Cr	Ni/Co	U/Th	δU
Dx18-1	0.47	6.36	12.23	10.49	1.94
Dx18-10	0.77	5.85	10.43	6.89	1.91
Dx18-12	0.53	7.43	7.14	22.52	1.97
Dx18-15	0.40	11.46	11.18	23.37	1.97
Dx18-16	0.32	6.57	12.98	31.16	1.98
Dx18-17	0.71	3.29	13.72	28.41	1.98
Dx18-2	0.62	7.81	9.00	8.02	1.92
Dx18-3	0.68	10.63	9.31	10.37	1.94
Dx18-4	0.38	5.93	7.67	20.85	1.97
Dx18-5	0.58	8.93	10.04	25.50	1.97
Dx18-9	0.31	5.66	7.65	75.06	1.99
Dx18-3	0.68	25.11	16.28	19.34	1.97
Dx18-6	0.40	5.49	12.69	37.83	1.98
Dx18-7	0.45	8.79	15.93	78.44	1.99
Dx18-8	0.39	6.60	13.45	15.13	1.96
Dx18-13	0.56	13.27	13.26	17.96	1.96
Dx20-7	0.50	11.42	15.07	3.56	1.83
Dx20-9	0.81	47.50	9.54	56.02	1.99
Dx20-10	0.37	5.11	9.41	3.86	1.84

Jones 等指出，Ni/Co>7.00 时为极贫氧-厌氧环境，Ni/Co=5~7 时，为贫氧环境，Ni/Co<5.00 时为氧化环境。本区所有岩石和方解石样品都高于7.00，这表明本区的沉积环境为厌氧环境，属于较强的还原环境。

在 U/Th 方面，正常沉积物 U/Th<1，热水沉积岩 U/Th>1，本区测试的所有岩石和方解石样品均大于1，最高达到78.44，说明区域内主要为热水沉积。

根据 Wignall 提出的 U-Th/3 关系可以指示沉积环境，并建立如下关系式：

$$\delta U = \frac{1}{\frac{1}{2} + \frac{Th}{6U}}$$

若 δU>1，则表明其为缺氧环境，δU<1，则为正常海水沉积，由表 4-22 可以看出，本区 δU 均大于1，说明研究区形成于缺氧环境。

4.2　普井屯矿点地球化学特征

4.2.1　微量元素地球化学特征

本次分析的普井屯矿点的微量元素为 Li、Be、Sc、V、Cr、Co、Ni、Cu、Zn、Ga、Rb、Sr、Nb、Mo、Cd、In、Sb、Cs、Ba、Ta、W、Re、Tl、Pb、Bi、Th、U、Zr、Hf 共29个，具体分析结果如表 4-23 所示。

表 4-23 普井屯矿点样品微量元素含量

单位:×10⁻⁶

样品号	采样位置	岩性	Li	Be	Sc	V	Cr	Co	Ni	Cu	Zn	Ga	Rb
Dx33-1	普井屯坑道	莲花山,那高岭组废石堆	21.40	1.20	6.88	60.90	33.60	13.00	43.70	31.60	89.50	9.13	97.40
Dx33-2	普井屯坑道	莲花山,那高岭组废石堆	29.40	2.13	13.20	84.60	69.90	13.40	52.30	12.10	246.00	17.80	188.00
Dx33-3	普井屯坑道	莲花山,那高岭组含铺泥土	35.60	2.13	17.50	176.00	111.00	20.00	56.40	46.70	119.00	24.60	181.00
Dx33-4	普井屯坑道	莲花山,那高岭组泥质粉砂岩	20.80	1.62	8.06	59.00	43.70	10.10	24.50	6.23	35.40	10.90	117.00
Dx34-1	普井屯坑道	郁江组白云质灰岩	1.28	0.06	0.99	15.70	5.01	1.86	15.50	3.80	13.50	0.40	2.19
Dx34-2	普井屯坑道	唐家湾组灰岩	2.27	0.17	0.75	16.60	4.15	2.12	14.80	3.11	10.10	0.47	3.01
Dx35	普井屯坑道	郁江组灰白色薄层泥质粉砂岩	34.90	2.03	18.10	118.00	97.60	18.90	52.90	78.40	64.50	24.00	145.00
Dx36-1	普井屯坑道	郁江组浅黄色泥质粉砂岩	35.00	1.66	8.48	62.50	46.90	8.12	34.00	30.90	100.00	12.90	81.30
Dx37	普井屯坑道	郁江组粉砂质泥岩	41.80	2.84	15.00	107.00	79.40	27.40	55.10	64.50	78.30	21.90	170.00
Dx38-1	普井屯坑道	矿化基性岩	52.30	0.70	16.20	316.00	515.00	4.24	17.90	94.50	136.00	30.40	19.80
Dx38-2	普井屯坑道	郁江组泥质粉砂岩	17.20	2.73	17.50	137.00	95.10	20.80	42.80	31.80	85.80	22.40	218.00
Dx39	普井屯	莲花山,那高岭组薄层粉砂岩	36.40	2.71	12.50	76.00	70.20	16.50	37.00	30.30	93.00	17.70	189.00
Dx40	普井屯	莲花山,那高岭组薄层泥岩	61.20	5.67	19.80	131.00	105.00	14.70	44.00	37.90	114.00	27.90	265.00
Dx41	普井屯	寒武系青灰色块状泥岩	68.80	4.06	19.60	122.00	110.00	30.90	53.70	112.00	123.00	25.90	223.00
Dx43	普井屯	寒武系薄层粉砂岩	54.20	5.04	20.40	122.00	116.00	9.94	35.90	49.70	125.00	28.10	200.00
Dx44	普井屯	唐家湾组块状灰岩	2.22	0.10	0.85	13.80	4.20	1.49	12.90	3.16	5.74	0.73	4.70

样品号	Sr	Nb	Mo	Cd	In	Sb	Cs	Ba	Ta	W	Re	Tl	Pb	Bi	Th	U	Zr	Hf
Dx33-1	152.00	6.51	8.34	0.13	0.04	13.40	9.16	231.00	0.47	1.20	0.06	1.76	15.80	0.18	7.09	48.10	66.10	1.79
Dx33-2	14.50	19.60	10.40	0.23	0.08	10.00	12.80	661.00	1.47	3.15	0.04	4.75	10.10	0.29	20.30	14.00	234.00	6.72
Dx33-3	36.10	22.10	7.77	0.16	0.08	24.30	22.40	519.00	1.60	3.34	0.02	3.20	44.80	0.78	22.10	24.50	236.00	6.57
Dx33-4	65.60	12.10	1.45	0.10	0.03	2.86	8.53	413.00	0.90	1.90	0.01	1.09	7.47	0.26	13.00	9.07	148.00	4.35
Dx34-1	71.60	0.26	7.82	0.08	0.01	8.86	0.40	10.60	0.03	0.35	0.05	0.93	4.96	0.03	0.29	2.88	4.51	0.08
Dx34-2	65.60	0.46	2.35	0.05	0.01	1.81	0.32	13.80	0.05	0.18	0.01	0.24	1.49	0.02	0.45	2.12	4.41	0.17

样品号	Sr	Nb	Mo	Cd	In	Sb	Cs	Ba	Ta	W	Re	Tl	Pb	Bi	Th	U	Zr	Hf
Dx35	728.00	17.60	4.89	0.11	0.11	40.40	14.60	530.00	1.37	2.93	0.01	1.19	151.00	1.40	22.20	10.10	161.00	4.29
Dx36-1	40.40	15.90	24.00	0.24	0.04	16.80	7.61	368.00	1.26	2.78	0.40	5.08	9.89	0.57	17.60	9.84	296.00	8.27
Dx37	21.00	16.80	4.43	0.46	0.07	11.70	17.40	708.00	1.24	2.70	0.01	1.90	25.40	0.56	18.00	35.10	200.00	5.70
Dx38-1	51.30	26.00	8.34	0.51	0.10	45.90	3.69	70.30	1.65	6.78	0.01	0.67	35.00	0.23	5.98	11.40	293.00	7.95
Dx38-2	68.70	19.20	3.37	0.17	0.09	9.94	16.40	844.00	1.47	3.02	0.01	2.34	21.50	0.45	19.60	7.56	214.00	6.14
Dx39	182.00	13.60	1.44	0.16	0.06	3.06	22.90	255.00	0.98	3.03	0.01	1.08	12.70	0.70	16.10	3.52	117.00	3.25
Dx40	16.90	17.20	2.48	0.24	0.10	3.65	30.60	770.00	1.24	2.60	0.01	1.46	39.30	1.03	21.80	4.47	142.00	4.41
Dx41	11.00	17.50	3.75	0.15	0.10	5.60	14.70	690.00	1.29	2.74	0.02	1.78	12.80	0.59	20.00	3.48	134.00	3.78
Dx43	11.60	18.50	1.21	0.15	0.08	1.24	14.90	584.00	1.42	2.87	0.01	1.07	21.00	0.95	23.40	4.22	151.00	4.30
Dx44	89.40	0.50	1.69	0.03	0.02	1.72	0.44	16.40	0.04	0.23	0.03	0.20	2.03	0.03	0.50	2.16	5.12	0.19

4.2.1.1 微量元素特征

由富集系数图 4-51～图 4-53 可以看出，普井屯矿点岩石样品富集模式图中可以看出所有样品带的曲线变化相对一致，同时根据含量及岩性不同，明显可以分为两类，一类是灰岩样品，一类是以泥岩、粉砂岩为代表的样品。

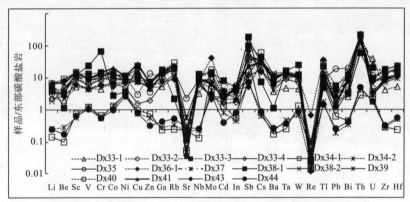

图 4-51 普井屯矿点岩石样品微量元素富集系数图

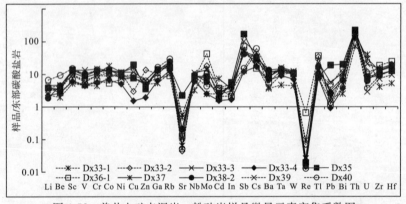

图 4-52 普井屯矿点泥岩、粉砂岩样品微量元素富集系数图

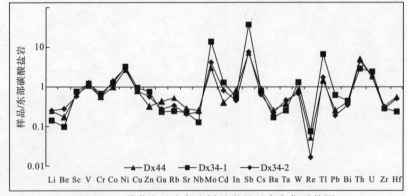

图 4-53 普井屯矿点灰岩样品微量元素富集系数图

灰岩样品中普遍亏损 Li、Be、Cr、Zn、Ga、Rb、Sr、Nb、Ba、Ta、Zr、Hf，普遍富集 Mo、Sb、Th、U，Mo 平均富集系数为 6.9，Sb 的平均富集系数为 17.2。而作为主

要含矿岩性的粉砂岩、泥岩中，微量元素含量明显高于灰岩样品，微量元素普遍富集，只有 Sr、Re 亏损，其中 Co 的平均富集系数为 10.9，Ni 的平均富集系数为 9.2，Mo 的平均富集系数为 12.0，Ba 的平均富集系数为 8.4，Sb 的平均富集系数最高，达到 56.7。Sb、Ba 是典型的热水沉积特征元素，因此可以看出含矿岩系受一定的热水作用。

4.2.1.2　微量元素相关性分析

通过 SPSS 统计软件对样品微量元素进行 R 型聚类分析，统计结果如图 4-54 所示，灰岩样品中的元素相关性都比较好，与 U 聚成一类的有 Cr、Cu、Pb、Sb、Tl、Mo、Sc、W，其次是 Re、Bi。从图 4-55 可以看出，含矿岩系泥岩、粉砂岩样品中与 U 聚成一类的是 Cd，其次是 Zr、Hf、Tl、Mo、Re。泥岩粉砂岩样品中，从 U 与部分元素的相关系数图如图 4-56 所示，U 与各元素的关系都较差。

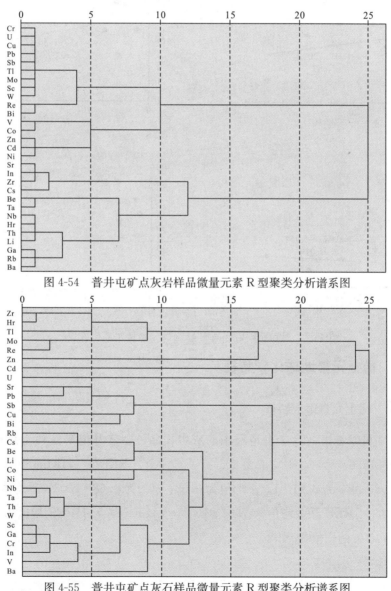

图 4-54　普井屯矿点灰岩样品微量元素 R 型聚类分析谱系图

图 4-55　普井屯矿点灰石样品微量元素 R 型聚类分析谱系图

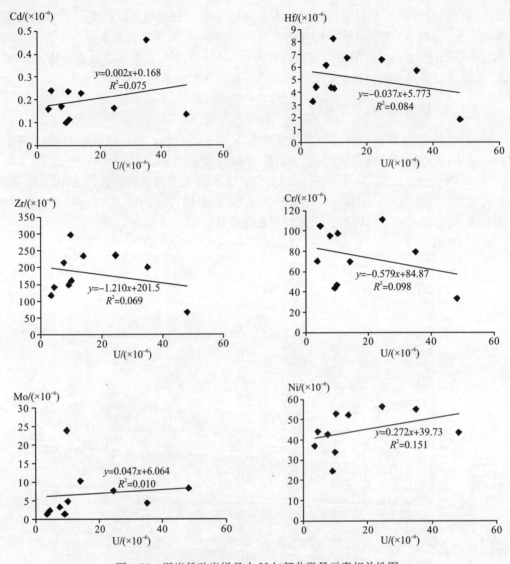

图 4-56 泥岩粉砂岩样品中 U 与部分微量元素相关性图

4.2.2 稀土元素地球化学特征

4.2.2.1 稀土元素组成特征

由表 4-24 可以看出，除 3 个地层中的灰岩样品外，普井屯矿区稀土总量较高，为 $82.9 \times 10^{-6} \sim 275.6 \times 10^{-6}$，平均值为 205.4×10^{-6}，$\sum \mathrm{LREE} / \sum \mathrm{HREE}$ 为 $7.51 \sim 10.88$，平均值为 9.55，$\delta \mathrm{Eu}$ 为 $0.61 \sim 1$，平均值为 0.68，$\delta \mathrm{Ce}$ 为 $0.68 \sim 1.03$，平均值为 0.92。3 个灰岩样品的 $\sum \mathrm{REE}$ 总量均值为 7.34×10^{-6}，$\sum \mathrm{LREE} / \sum \mathrm{HREE}$ 均值为 6.73，$\delta \mathrm{Eu}$ 均值为 0.90，$\delta \mathrm{Ce}$ 的均值为 0.74。

表 4-24　普井屯矿点样品稀土元素含量　　　　　　　单位：×10⁻⁶

样品号	La	Ce	Pr	Nd	Sm	Eu	Gd	Tb	Dy	Ho	Er
Dx33-1	18.60	35.80	4.06	13.50	2.51	0.57	2.17	0.38	2.08	0.43	1.19
Dx33-2	55.30	105.00	11.60	44.90	7.69	1.65	6.60	1.19	6.60	1.18	3.51
Dx33-3	51.20	102.00	10.30	36.60	6.30	1.19	5.30	0.97	5.52	0.98	3.02
Dx33-4	37.10	68.50	8.08	30.30	5.62	1.14	5.00	0.81	4.42	0.79	2.46
Dx34-1	2.10	2.39	0.38	1.48	0.34	0.09	0.38	0.06	0.40	0.08	0.28
Dx34-2	1.69	2.46	0.39	1.32	0.23	0.05	0.22	0.05	0.25	0.06	0.14
Dx35	54.20	102.00	11.70	42.70	7.70	1.57	6.70	1.09	5.67	0.94	2.88
Dx36-1	47.00	100.00	11.20	44.70	8.76	1.76	8.51	1.49	7.81	1.48	3.89
Dx37	46.40	83.90	9.75	35.60	6.16	1.41	5.36	0.94	4.97	0.94	2.77
Dx38-1	22.30	46.80	5.66	22.00	4.56	1.32	3.23	0.54	2.70	0.43	1.44
Dx38-2	52.00	102.00	11.40	42.50	7.43	1.46	6.31	1.10	5.89	1.04	3.24
Dx39	37.70	70.50	8.05	28.90	5.19	1.06	4.37	0.78	3.87	0.75	2.23
Dx40	71.10	106.00	14.60	51.40	7.78	1.55	6.50	1.09	6.27	1.15	3.68
Dx41	52.60	88.30	11.70	41.90	7.38	1.36	5.82	1.04	5.37	0.99	2.92
Dx43	61.30	82.20	12.80	46.60	7.59	1.65	7.74	1.45	8.07	1.39	4.14
Dx44	1.54	2.73	0.32	1.20	0.15	0.07	0.18	0.03	0.20	0.04	0.10

样品号	Tm	Yb	Lu	Y	$\sum$REE	LREE	HREE	LREE/HREE	$(La/Yb)_N$	δEu	δCe
Dx33-1	0.18	1.24	0.21	11.10	82.91	75.04	7.87	9.53	10.76	0.73	0.97
Dx33-2	0.61	3.54	0.53	31.80	249.90	226.14	23.76	9.52	11.21	0.69	0.97
Dx33-3	0.50	3.49	0.53	29.40	227.89	207.59	20.30	10.23	10.52	0.61	1.03
Dx33-4	0.37	2.46	0.36	23.90	167.39	150.74	16.65	9.05	10.82	0.64	0.93
Dx34-1	0.04	0.26	0.05	4.26	8.33	6.78	1.55	4.39	5.82	0.71	0.61
Dx34-2	0.02	0.14	0.02	1.37	7.04	6.14	0.90	6.86	8.72	0.70	0.72
Dx35	0.46	2.91	0.44	26.10	240.95	219.87	21.08	10.43	13.36	0.65	0.95
Dx36-1	0.61	4.10	0.60	40.90	241.91	213.42	28.49	7.49	8.22	0.62	1.03
Dx37	0.47	3.33	0.47	26.70	202.47	183.22	19.25	9.52	9.99	0.73	0.92
Dx38-1	0.24	1.58	0.24	13.50	113.04	102.64	10.40	9.87	10.12	1.00	1.00
Dx38-2	0.52	3.36	0.55	32.60	238.80	216.79	22.01	9.85	11.10	0.64	0.98
Dx39	0.37	2.47	0.31	20.50	166.55	151.40	15.15	9.99	10.95	0.66	0.94
Dx40	0.50	3.54	0.45	35.00	275.61	252.43	23.18	10.89	14.41	0.65	0.76
Dx41	0.44	2.72	0.41	28.10	222.94	203.24	19.70	10.31	13.87	0.61	0.84
Dx43	0.66	4.15	0.61	42.20	240.35	212.14	28.21	7.52	10.60	0.65	0.68
Dx44	0.01	0.10	0.02	1.00	6.68	6.01	0.67	8.97	11.51	1.30	0.90

　　稀土元素球粒陨石标准化图解表明稀土配分模式曲线向右倾（图 4-57），轻稀土元素相对富集。$(La/Yb)_N$ 为 5.81～14.40，表明轻稀土元素曲线右倾明显，重稀土元素曲线

相对平缓。所有样品的稀土分布模式曲线极其相似，主要含矿岩性的泥岩粉砂岩与地层中的灰岩只是在总量上有一定差异，说明其来源有一致性。

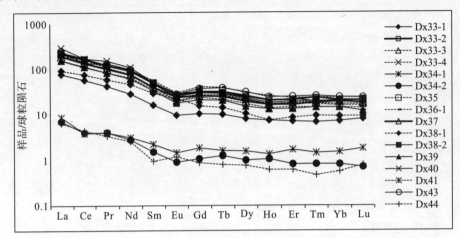

图 4-57　普井屯矿点稀土元素配分模式图

从普井屯沉积岩稀土元素配分模式（图 4-58）可以看出，其分布曲线明显分为两组且含量变化很大，说明该区不同类型沉积岩或者不同时代沉积岩中稀土含量差别很大，两组曲线都明显向右倾斜，轻稀土相对富集，重稀土则相对亏损。上部泥岩曲线在 Eu 出现低谷，呈"海鸥"型，表明具有明显的负 Eu 异常。下部灰岩分布曲线差异较大，说明稀土元素在灰岩和泥岩中地球化学活动有所差异。

从普井屯泥盆系稀土元素配分模式图（图 4-59）可以看出，其分布曲线略也明显分为两组且含量变化很大，上部曲线为泥盆系碳酸盐岩，下部曲线为陆源碎屑岩，可以看出稀土元素在两者中富集程度相差很大。曲线总体元素组合特征一致，整体右倾，轻稀土相对富集，重稀土则相对亏损。曲线在 Eu 出现低谷，呈"海鸥"型，表明具有明显的负 Eu 异常。

从普井屯泥岩稀土元素配分模式（图 4-60）可以看出，曲线整体右倾，轻重稀土分异很明显，表明具有明显的负 Eu 异常。

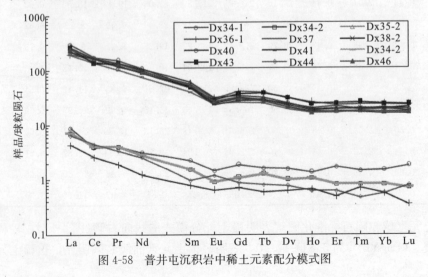

图 4-58　普井屯沉积岩中稀土元素配分模式图

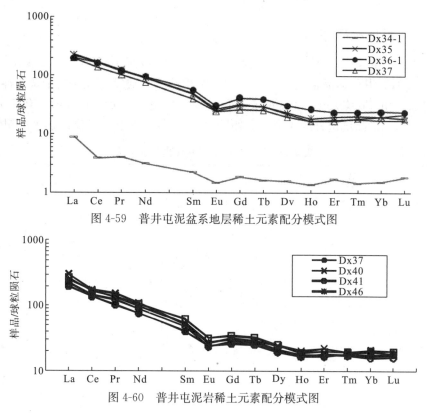

图 4-59　普井屯泥盆系地层稀土元素配分模式图

图 4-60　普井屯泥岩稀土元素配分模式图

4.2.2.2　稀土元素来源

为确定稀土元素来源，将样品相关结果投入 La/Yb-Ce/La 和 La/Yb-$\sum$REE 图解（图 4-61、图 4-62）中，从图 La/Yb-$\sum$REE 中可以看出，3 个灰岩样品落在沉积岩区域附近，2 个泥岩粉砂岩样品落在沉积岩独立区域内，多数样品均落在沉积岩与碱性玄武岩、花岗岩的重叠区。从 La/Yb-Ce/La 图中可以看出所有样品基本落在沉积岩和热水重叠区域，可以说明区域内存在热水活动，具有热水沉积作用，可以推断普井屯铀矿是正常海水沉积物与热水混合叠加的产物。

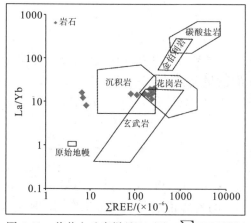

图 4-61　普井屯矿床样品 La/Yb-$\sum$REE 图解

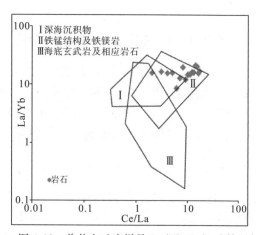

图 4-62　普井屯矿床样品 La/Yb-Ce/La 图解

4.2.3 形成环境探讨

从表 4-25 中的特征元素指标可以看出，普井屯区内岩石中 V/(V+Ni)除 3 个样品略微低于 0.57 外，其他样品都大于 0.57，说明沉积环境为缺氧环境，三个灰岩样品的 V/Cr 均大于 2，Ni/Co 均大于 5，说明其沉积于缺氧环境，在 U/Th 方面，有 7 个样品的 U/Th 大于 1，δU 除坑道外的 4 个样品外均大于 1，说明本区受一定的热水沉积作用。

表 4-25 普井屯矿点微量元素特征数值

样品号	V/V+Ni	V/Cr	Ni/Co	U/Th	δU
Dx33-1	0.58	1.81	3.36	6.78	1.91
Dx33-2	0.62	1.21	3.90	0.69	1.35
Dx33-3	0.76	1.59	2.82	1.11	1.54
Dx33-4	0.71	1.35	2.43	0.70	1.35
Dx34-1	0.50	3.13	8.33	10.03	1.94
Dx34-2	0.53	4.00	6.98	4.67	1.87
Dx35	0.69	1.21	2.80	0.45	1.15
Dx36-1	0.65	1.33	4.19	0.56	1.25
Dx37	0.66	1.35	2.01	1.95	1.71
Dx38-1	0.95	0.61	4.22	1.91	1.70
Dx38-2	0.76	1.44	2.06	0.39	1.07
Dx39	0.67	1.08	2.24	0.22	0.79
Dx40	0.75	1.25	2.99	0.21	0.76
Dx41	0.69	1.11	1.74	0.17	0.69
Dx43	0.77	1.05	3.61	0.18	0.70
Dx44	0.52	3.29	8.66	4.36	1.86

4.3 雷屯矿点地球化学特征

4.3.1 微量元素地球化学特征

本书对雷屯铀矿点的矿化与围岩共采取了 12 件样品，以钻孔为代表的 2 个垂直剖面取样，以唐家湾组为主。本次分析的巴江矿床的微量元素为 Li、Be、Sc、V、Cr、Co、Ni、Cu、Zn、Ga、Rb、Sr、Mo、Cd、In、Sb、Cs、Ba、W、Re、Tl、Pb、Bi、Th、U 共 25 个，具体分析结果如表 4-26 所示。

4.3.1.1 微量元素特征

由图 4-63 可以看看，样品中普遍富集 Sc、V、Co、Ni、Cu、Mo、Cd、Cs、W、Th、U、Rb、Sb，样品普遍亏损 Sr、Re。Sb、Ba 的富集说明受热水沉积作用。所有样品的富集系数组合规律及其相似，说明他们的来源具有一定的同源性。

表 4-26 雷屯矿点样品微量元素含量

单位：×10⁻⁶ → 单位：$\times 10^{-6}$

样品号	地层	岩性	Li	Be	Sc	V	Cr	Co	Ni	Cu	Zn	Ga
ZK11321-1	唐家湾组	黑色含碳质灰岩	5.04	0.28	1.61	38.50	23.60	1.45	46.90	6.45	92.70	1.38
ZK11321-2	唐家湾组	黑色含碳质灰岩	3.33	0.18	1.33	50.50	10.90	1.47	41.10	3.62	85.20	0.91
ZK11321-3	唐家湾组	黑色含碳质灰岩	17.20	0.74	3.97	104.00	54.00	2.29	68.40	17.00	128.00	5.00
ZK11321-4	唐家湾组	黑色含碳质灰岩	2.38	0.20	2.01	40.70	12.10	1.22	37.00	5.32	28.90	1.40
ZK11321-5	郁江组	粉砂岩	24.60	2.28	14.40	104.00	74.80	18.30	58.40	32.00	97.10	19.20
ZK11321-6	郁江组	粉砂岩	37.00	3.14	17.30	125.00	87.50	18.20	48.00	38.90	116.00	24.30
ZK2915-1	唐家湾组	白云质灰岩	1.64	0.17	1.85	11.80	7.56	1.53	33.20	5.21	13.50	1.22
ZK2915-2	唐家湾组	砖红色泥岩	62.20	3.96	12.90	783.00	691.00	3.77	211.00	136.00	242.00	29.90
ZK2915-3	唐家湾组	砖红色泥岩	84.70	6.02	17.00	798.00	1100.00	6.42	590.00	127.00	399.00	39.90
ZK2915-4	唐家湾组	黑色含碳白云质灰岩	2.68	0.21	1.94	26.30	14.70	1.45	35.10	9.07	22.70	1.30
ZK2915-5	唐家湾组	白云质灰岩	29.20	2.65	11.80	67.60	64.20	10.20	31.20	11.90	69.50	17.00
ZK2915-6	唐家湾组与郁江组破碎带	白云质灰岩角砾岩	13.80	0.85	7.45	16.10	13.90	5.12	17.70	18.70	20.40	5.41

样品号	Rb	Sr	Mo	Cd	In	Sb	Cs	Ba	W	Re	Tl	Pb	Bi	Th	U
ZK11321-1	5.03	138	2.46	0.412	<0.002	5.31	0.584	52	0.399	0.095	1.07	3.63	0.042	0.599	85
ZK11321-2	3.03	136	1.46	0.521	0.006	2.04	0.36	43.4	0.203	0.083	0.799	1.74	0.031	0.336	10.4
ZK11321-3	30.40	142	3.81	0.981	0.014	5.02	2.76	354	0.616	0.065	1.86	4.04	0.12	2.84	15.9
ZK11321-4	4.24	230	0.992	0.174	<0.002	0.719	0.741	27.7	0.15	0.026	0.168	1.39	0.034	0.478	3.2
ZK11321-5	220.00	153	1.22	0.033	0.057	3.83	21.7	701	1.81	0.008	2.01	24.2	0.414	13.6	3.45
ZK11321-6	220.00	46.9	0.75	0.01	0.09	0.962	22.3	702	2.12	0.008	1.29	13	0.49	16.9	3.74
ZK2915-1	6.74	197	1.68	0.035	0.006	0.606	0.983	25.9	0.204	0.007	1.3	4.33	0.038	0.612	2.69
ZK2915-2	106.00	134	19.7	0.464	0.153	26.3	15.8	257	20	0.046	2.85	29.5	0.866	18.3	83.1
ZK2915-3	116.00	125	51.1	0.437	0.2	48.7	18.4	216	26.8	0.053	3.43	43.2	1.39	25.3	56.7
ZK2915-4	3.76	264	0.349	0.268	0.003	0.686	0.558	16.6	0.306	0.008	0.135	2.64	0.05	0.479	7.28
ZK2915-5	225.00	309	0.331	0.104	0.054	0.476	23.5	1207	1.89	0.011	1.08	15.3	0.318	14	1.95
ZK2915-6	37.60	168	3.21	0.059	0.03	0.463	4.59	471	0.475	0.008	0.191	7.38	0.988	4.63	3.22

ZK2915-2、ZK2915-3 为唐家湾组砖红色泥岩样品，其 V、Cr、Ni、Zn、Rb、Mo、Sb、W 的富集系数都明显高于其他岩石样品。V 的平均富集系数达到 60.8，Cr 的平均富集系数达到 119.4，Ni 的平均富集系数为 83.44，Mo 的平均富集系数为 62.11，W 的平均富集系数为 86.67，Sb 的平均富集系数为 156.25。

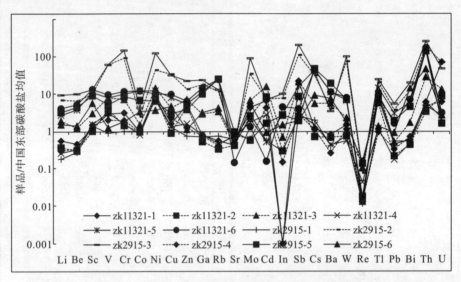

图 4-63   雷屯矿点岩石样品微量元素富集系数图

4.3.1.2   微量元素相关性分析

本节通过 SPSS 统计软件得出雷屯矿点岩石样品微量元素 R 型聚类分析谱系图，从图 4-64 中可以看出，矿石样品中的微量元素相关性都比较好，与 U 关系密切的微量元素有 Cu、V，其次为 Zn、Mo、Ni、Sb、W、Cr。

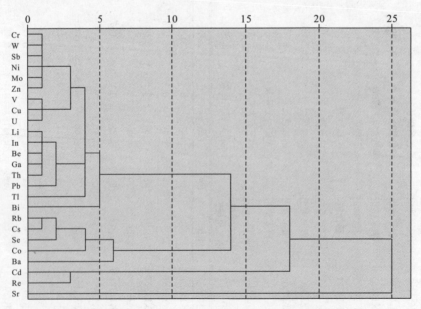

图 4-64   雷屯矿点灰石样品微量元素 R 型聚类分析谱系图

从图 4-65 相关性系数图中可以看出，U 与 V、Sb、Zn、W 相关性较高。R^2 分别为 0.44、0.40、0.38、0.39。

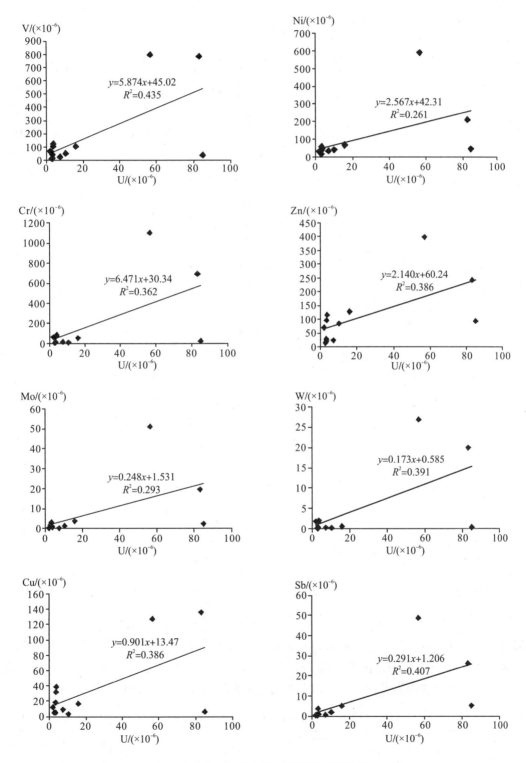

图 4-65　雷屯矿点样品中 U 与部分微量元素相关性图

4.3.2　稀土元素地球化学特征

4.3.2.1　稀土元素组成特征

由表 4-27 中可以看出，雷屯矿点岩石样品 $\sum\text{REE}$ 为 $15.24\times10^{-6}\sim562.89\times10^{-6}$，LREE/HREE 为 2.68～9.88，平均值为 6.28，$(\text{La/Yb})_N$ 为 2.34～16.61，均值为 9.51，δEu 为 0.60～0.69，平均值为 0.65，δCe 为 0.40～0.96，平均值为 0.65。存在明显的负 Eu 异常，Ce 的微弱异常。唐家湾组砖红色泥岩的 $\sum\text{REE}$ 明显高于其他样品，均值为 561.59×10^{-6}。

稀土元素球粒陨石标准化图（图 4-66）显示轻稀土元素相对富集，配分模式右倾。LREE 右倾明显，HREE 相对平缓。唐家湾组砖红色泥岩轻重稀土分异明显，U 含量较高，配分曲线在最上部。所有样品的稀土配分模式曲线极其相似，相对平行，说明其来源有一致性。

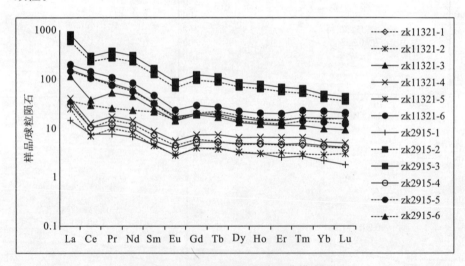

图 4-66　雷屯矿点稀土元素配分模式图

4.3.2.2　稀土元素来源探讨

为确定稀土元素来源，将样品有关结果投入 La/Yb-Ce/La 和 La/Yb-$\sum\text{REE}$ 图解（图 4-67、图 4-68）中，从图 La/Yb-$\sum\text{REE}$ 中可以看出，大部分岩石样品落在沉积岩区域内，同时有部分样品落在沉积岩与玄武岩的重叠区。唐家湾组 2 个泥岩样品落在花岗岩区，结合 La/Yb-Ce/La 图中看出，样品落在沉积岩和玄武岩重叠区域，说明岩石可能受到玄武岩类及花岗岩类成因热水的影响或物源区存在玄武岩或是花岗岩。

表 4-27　雷屯矿点样品稀土元素含量　　　　　　　　　　　　单位：$\times10^{-6}$

	La	Ce	Pr	Nd	Sm	Eu	Gd	Tb	Dy	Ho	Er
ZK11321-1	8.07	6.07	1.34	5.50	1.05	0.25	1.18	0.20	1.14	0.26	0.73

续表

	La	Ce	Pr	Nd	Sm	Eu	Gd	Tb	Dy	Ho	Er
ZK11321-2	5.71	4.13	0.91	3.68	0.65	0.16	0.78	0.13	0.81	0.17	0.50
ZK11321-3	26.20	22.30	4.86	20.20	3.68	0.79	3.74	0.60	3.22	0.66	1.84
ZK11321-4	9.37	7.59	1.58	6.55	1.30	0.31	1.46	0.27	1.59	0.36	1.04
ZK11321-5	36.10	64.00	7.42	27.40	4.74	0.97	3.89	0.71	3.96	0.79	2.31
ZK11321-6	46.00	84.80	10.00	37.50	6.89	1.31	5.81	0.98	5.46	1.11	3.17
ZK2915-1	3.34	4.52	0.70	3.02	0.68	0.16	0.78	0.14	0.77	0.17	0.41
ZK2915-2	137.00	137.00	25.30	103.00	18.40	3.73	18.90	3.16	17.10	3.51	8.92
ZK2915-3	186.00	175.00	34.40	138.00	24.60	4.89	24.60	4.06	20.90	4.32	10.90
ZK2915-4	6.98	6.18	1.08	4.46	0.83	0.22	1.03	0.19	1.20	0.27	0.76
ZK2915-5	33.40	62.20	6.93	25.70	4.71	0.88	3.98	0.67	3.41	0.71	1.95
ZK2915-6	8.27	17.40	2.34	10.50	3.20	0.82	4.07	0.80	4.45	0.84	2.38

	Tm	Yb	Lu	Y	$\sum$REE	LREE	HREE	LREE/HREE	$(La/Yb)_N$	δEu	δCe
ZK11321-1	0.11	0.68	0.10	11.80	26.67	22.28	4.39	5.08	8.58	0.68	0.41
ZK11321-2	0.07	0.47	0.07	8.43	18.25	15.24	3.01	5.06	8.75	0.67	0.40
ZK11321-3	0.28	1.61	0.23	26.90	90.22	78.03	12.18	6.41	11.67	0.65	0.45
ZK11321-4	0.16	0.86	0.12	17.00	32.56	26.70	5.86	4.56	7.84	0.69	0.44
ZK11321-5	0.40	2.63	0.38	21.40	155.71	140.63	15.08	9.32	9.85	0.67	0.91
ZK11321-6	0.56	3.65	0.51	29.70	207.75	186.50	21.25	8.78	9.04	0.62	0.93
ZK2915-1	0.07	0.36	0.04	6.19	15.15	12.42	2.73	4.55	6.73	0.65	0.69
ZK2915-2	1.27	6.65	0.88	151.00	484.82	424.43	60.39	7.03	14.78	0.61	0.53
ZK2915-3	1.57	8.03	1.08	187.00	638.35	562.89	75.46	7.46	16.61	0.60	0.50
ZK2915-4	0.12	0.72	0.10	14.10	24.13	19.75	4.38	4.51	6.95	0.72	0.49
ZK2915-5	0.35	2.19	0.30	18.40	147.37	133.82	13.55	9.88	10.94	0.61	0.95
ZK2915-6	0.40	2.53	0.39	25.10	58.38	42.53	15.85	2.68	2.34	0.69	0.96

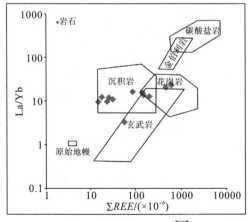

图 4-67 雷屯矿点样品 La/Yb-$\sum$REE 图解

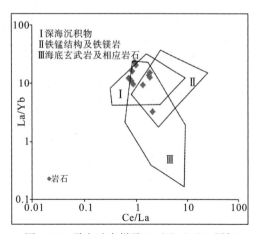

图 4-68 雷屯矿点样品 La/Yb-Ce/La 图解

4.3.3 碳氧同位素地球化学特征

由表 4-28 可以看出，雷屯矿区方解石的碳-氧同位素组成相对均一，$\delta^{13}C_{PDB}$ 为 $-2.30‰\sim-0.34‰$，极差 $2.64‰$，均值 $-0.52‰$；$\delta^{18}O_{SMOW}$ 为 $16.03‰\sim23.05‰$，极差 $7.02‰$，均值 $18.05‰$。

表 4-28　雷屯矿点方解石碳-氧同位素组成　　　　　　　　　　单位：‰

	ZK2915-4	ZK623-7	ZK11321-4	ZK2915-1	ZK11321-1	ZK11321-3	平均值
$\delta^{18}O_{SMOW}$	23.05	18.34	17.04	16.03	16.33	17.48	18.05
$\delta^{13}C_{PDB}$	0.07	0.34	-0.26	-0.48	-2.30	-0.48	-0.52

$\delta^{13}C_{PDB}$ 低于沉积碳酸盐，接近地幔来源岩石 $\delta^{13}C_{PDB}$，结合图 4-69 可以看出，除一个样品投点位于海相沉积碳酸盐岩区外，其余样品均投在海相沉积碳酸盐岩和以岩浆为代表的深部流体之间，但较靠近海相碳酸盐岩区域，说明方解石中的碳主要来自海相碳酸盐岩的溶解作用，同时有来自于深部来源的特点。从图 4-70 中可以看出，方解石主要受低温热液碳酸盐岩和火成岩外变质带的影响。低温热液可能是大气降水淋滤或沿裂隙下渗与深部高温流体混合运移至浅部沉淀形成的脉体。位于火成岩外变质带内或附近的样品可能是与区域的火山活动和岩浆活动有关。

4.3.4 形成环境探讨

从表 4-29 中的特征元素指标可以看出，雷屯矿区内岩石中有 4 个样品 V/（V+Ni）低于 0.57，3 个样品的 V/Cr 大于 2，5 个样品的 Ni/Co 大于 7，9 个样品的 Ni/Co 大于 5，只有 3 个样品的 U/Th 小于 1，δU 只有 2 个样品小于 1，综合推断本区整体上的沉积环境为缺氧较还原的环境，期间水体深度的变化导致还原性时强时弱，说明本区的沉积环境为缺氧环境，V、Ni 可能是受到热液的影响。

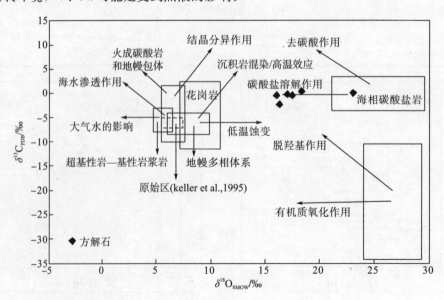

图 4-69　雷屯矿点方解石 $\delta^{13}C_{PDB}$-$\delta^{18}O_{SMOW}$ 图

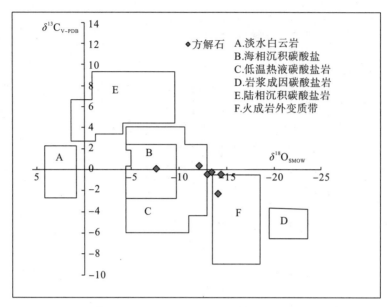

图 4-70 雷屯矿点碳氧同位素组成分布图

表 4-29 雷屯矿点微量元素特征数值

	V/V+Ni	V/Cr	Ni/Co	U/Th	δU
ZK11321-1	0.45	1.63	32.34	141.90	2.00
ZK11321-2	0.55	4.63	27.96	30.95	1.98
ZK11321-3	0.60	1.93	29.87	5.60	1.89
ZK11321-4	0.52	3.36	30.33	6.69	1.91
ZK11321-5	0.64	1.39	3.19	0.25	0.86
ZK11321-6	0.72	1.43	2.64	0.22	0.80
ZK2915-1	0.26	1.56	21.70	4.40	1.86
ZK2915-2	0.79	1.13	55.97	4.54	1.86
ZK2915-3	0.57	0.73	91.90	2.24	1.74
ZK2915-4	0.43	1.79	24.21	15.20	1.96
ZK2915-5	0.68	1.05	3.06	0.14	0.59
ZK2915-6	0.48	1.16	3.46	0.70	1.35

4.4 巴江矿床地球化学特征

4.4.1 微量元素地球化学特征

本书对巴江铀矿床以钻孔为代表的 3 个垂直剖面进行取样，以黄猄山组与郁江组层间破碎带为主，共采取矿石与围岩样品共 13 件。本次分析的巴江矿床岩石样品的微量元素为 Li、Be、Sc、V、Cr、Co、Ni、Cu、Zn、Ga、Rb、Sr、Mo、Cd、In、Sb、Cs、Ba、W、Re、Tl、Pb、Bi、Th、U 共 25 个，具体分析结果如表 4-30 所示。

表 4-30 巴江矿床样品微量元素含量

单位：×10⁻⁶

（说明：以下表中"单位：×10^{-6}"）

样品号	地层	岩性	Li	Be	Sc	V	Cr	Co	Ni	Cu	Zn	Ga
ZK803-1	黄猄山组与郁江组层间破碎带	白云质灰岩角砾岩	31.40	1.42	10.00	87.50	67.40	13.20	54.10	21.80	83.10	16.80
ZK803-2	黄猄山组与郁江组层间破碎带	白云质灰岩角砾岩	5.46	0.35	4.94	22.50	13.20	3.63	44.80	13.90	116.00	3.38
ZK803-3	黄猄山组与郁江组层间破碎带	粉砂质泥岩,破碎岩	28.70	1.21	5.78	93.00	54.60	9.99	60.60	23.90	441.00	14.00
ZK803-4	F1断层	白云质灰岩	16.10	0.82	6.86	50.70	38.50	9.35	53.60	19.30	121.00	9.88
ZK803-5	黄猄山组	白云质灰岩角砾岩	1.72	0.10	3.75	29.40	10.10	4.36	54.50	8.38	160.00	0.77
ZK803-6	那高岭组	白云质灰岩角砾岩	71.90	2.93	17.90	129.00	99.00	14.20	45.50	34.90	109.00	24.70
ZK01-1	黄猄山组与郁江组层间破碎带	白云质灰岩	34.80	1.28	8.60	106.00	65.60	12.70	102.00	35.00	115.00	14.40
ZK01-2	黄猄山组与郁江组层间破碎带	白云质灰岩	28.40	2.07	14.70	94.10	72.70	3.30	26.10	16.80	44.60	20.40
ZK01-3	黄猄山组与郁江组层间破碎带	白云质灰岩	2.45	0.22	5.24	12.40	6.99	2.16	33.10	16.10	35.00	2.59
ZK01-4	黄猄山组	白云质灰岩	1.68	0.16	1.67	43.20	9.94	5.12	66.00	8.96	208.00	0.71
ZK01-5	郁江组	白云质灰岩	64.10	1.21	5.14	42.10	34.70	5.07	14.80	11.70	55.80	8.98
ZK2821-1	黄猄山组	粉砂质泥岩破碎岩	2.54	0.22	2.52	21.50	7.19	2.33	31.70	8.79	34.90	1.65
ZK2821-2	黄猄山组	白云质灰岩	6.74	0.65	5.57	31.40	18.10	10.00	38.40	16.70	54.80	5.41

样品号	Ga	Rb	Sr	Mo	Cd	In	Sb	Cs	Ba	W	Re	Tl	Pb	Bi	Th	U
ZK803-1	16.80	151.00	21.00	2.31	0.12	0.05	9.44	14.20	550.00	2.75	0.24	1.28	22.80	0.36	12.10	22.60
ZK803-2	3.38	22.00	275.00	0.55	0.37	0.01	6.58	3.23	76.30	0.93	0.03	0.46	6.93	0.12	2.00	32.00
ZK803-3	14.00	97.00	23.70	2.52	0.80	0.04	38.00	25.80	413.00	7.85	0.03	1.52	14.30	0.32	15.50	389.00
ZK803-4	9.88	77.40	203.00	2.65	0.17	0.03	14.30	7.71	280.00	1.83	0.23	0.93	15.70	0.27	7.22	73.40
ZK803-5	0.77	2.21	100.00	1.24	0.16	0.01	4.47	0.33	21.00	0.86	0.00	0.04	2.95	0.08	0.56	4.95
ZK803-6	24.70	207.00	33.00	0.99	0.02	0.08	2.80	19.20	804.00	2.53	0.01	1.04	10.40	0.39	16.70	3.51
ZK01-1	14.40	126.00	35.70	3.32	0.34	0.05	39.80	13.20	504.00	5.52	0.02	4.72	19.10	0.42	9.55	11.30
ZK01-2	20.40	169.00	18.90	1.24	0.02	0.07	6.91	14.30	779.00	3.82	0.02	1.59	14.80	0.29	15.90	4.87
ZK01-3	2.59	13.30	171.00	1.15	0.18	0.01	9.64	2.10	49.40	0.82	0.10	1.15	2.98	0.04	0.90	4.36
ZK01-4	0.71	1.97	115.00	1.46	0.19	<0.002	23.20	0.33	14.00	1.00	0.04	0.09	3.39	0.07	0.34	13.60
ZK01-5	8.98	95.80	17.40	3.85	0.06	0.02	28.30	16.70	761.00	1.64	0.28	3.00	5.80	0.14	6.05	3.92
ZK2821-1	1.65	2.45	94.00	1.15	0.10	0.00	6.61	0.44	24.50	7.77	0.02	0.16	20.20	0.06	0.88	893.00
ZK2821-2	5.41	33.60	177.00	2.80	0.10	0.03	5.59	2.87	118.00	0.83	0.01	0.35	28.50	0.14	4.08	12.70

由图 4-71 可以看出，矿区岩石样品中普遍富集 Sc、V、Co、Ni、Cu、Zn、Ga、Mo、Cd、Cs、Ba、W、Th、U，其中 Sb 的富集系数最高达到 165.83，平均富集系数为 51.27，普遍亏损 Sr。巴江矿床层间破碎带中所有岩石样品与围岩的曲线变化相对一致，说明其具有一定的同源性，黄猄山组与郁江组层间破碎带中粉砂质泥岩样品中的 U 含量远远明显高于其他样品，可能是因为其富含泥质、硅质、有机质，对铀具有吸附作用，使铀含量增高。

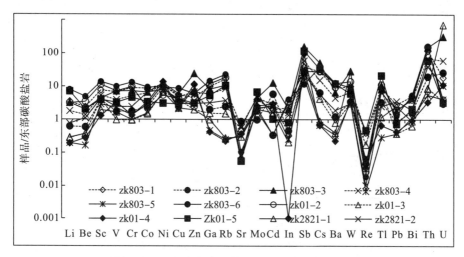

图 4-71　巴江矿床岩石样品微量元素富集系数图

使用 SPSS 统计软件对巴江矿床岩石样品的微量元素数据进行 R 型聚类分析，找出与 U 关系密切的微量元素，统计结果如图 4-72 所示，与 U 聚成一类的有 W、Pb。

图 4-73 为 U 与部分微量元素相关性图，从图中可以看出，U 与 W 的相关性最好，相关系数 R^2 为 0.58，与其他元素的相关性比较差。

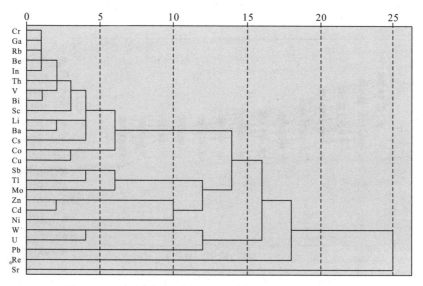

图 4-72　巴江矿床岩石样品微量元素 R 型聚类分析谱系图

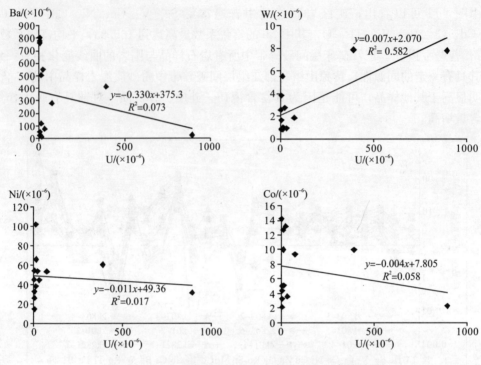

图 4-73　巴江矿床岩石样品 U 与部分微量元素关系图

4.4.2　稀土元素地球化学特征

由表 4-31 可以看出，$\sum$REE 为 $12.50\times10^{-6}\sim204.80\times10^{-6}$，平均值为 97.49×10^{-6}，LREE/HREE 为 $2.84\sim12.05$，平均值为 7.52，只有一个样品 δEu 大于 1，平均值为 0.69，δCe 为 $0.53\sim1.00$，平均值为 0.84。

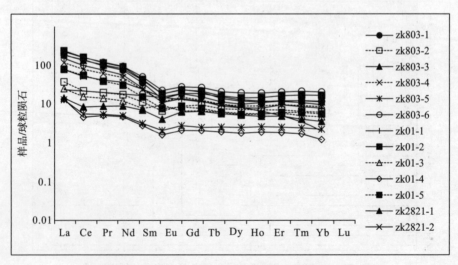

图 4-74　巴江矿床岩石样品球粒陨石标准化配分模式图

表 4-31　巴江矿床样品稀土元素含量　　　　　　　　　单位：$\times 10^{-6}$

样品号	La	Ce	Pr	Nd	Sm	Eu	Gd	Tb	Dy	Ho	Er
ZK803-1	36.70	73.50	8.14	30.90	5.20	0.83	3.88	0.60	3.08	0.60	1.93
ZK803-2	8.56	13.50	1.91	8.22	1.85	0.43	1.98	0.39	2.13	0.46	1.31
ZK803-3	37.50	70.60	8.55	33.40	6.04	1.08	4.87	0.78	3.71	0.71	2.05
ZK803-4	24.10	43.50	5.36	20.80	3.60	0.71	3.22	0.50	2.71	0.55	1.62
ZK803-5	3.26	3.89	0.59	2.64	0.58	0.15	0.69	0.11	0.79	0.17	0.52
ZK803-6	44.20	83.00	9.93	38.10	7.21	1.31	5.63	0.99	5.34	1.12	3.25
ZK01-1	30.70	53.50	6.48	24.00	3.92	0.69	2.96	0.48	2.46	0.50	1.43
ZK01-2	46.50	84.10	9.62	37.00	6.30	1.09	4.77	0.81	4.25	0.85	2.54
ZK01-3	5.96	9.93	1.41	5.88	1.31	0.59	1.53	0.28	1.79	0.37	1.05
ZK01-4	3.35	3.25	0.55	2.49	0.52	0.12	0.53	0.10	0.61	0.13	0.39
ZK01-5	16.90	31.40	3.54	13.70	2.43	0.49	1.90	0.32	1.76	0.35	1.04
ZK2821-1	3.58	5.67	0.91	4.47	1.19	0.28	1.45	0.27	1.63	0.34	0.92
ZK2821-2	16.70	29.80	3.77	16.80	3.69	0.92	3.94	0.71	4.06	0.77	2.10

样品号	Tm	Yb	Lu	Y	$\sum$REE	LREE	HREE	LREE/HREE	$(La/Yb)_N$	δEu	δCe
ZK803-1	0.32	2.20	0.32	17.90	168.20	155.27	12.93	12.01	11.97	0.54	1.00
ZK803-2	0.20	1.24	0.18	16.70	42.35	34.47	7.88	4.37	4.95	0.69	0.78
ZK803-3	0.33	2.19	0.31	19.30	172.11	157.17	14.94	10.52	12.28	0.59	0.93
ZK803-4	0.27	1.69	0.24	17.00	108.85	98.07	10.79	9.09	10.23	0.62	0.90
ZK803-5	0.08	0.51	0.07	6.57	14.06	11.11	2.95	3.77	4.63	0.72	0.64
ZK803-6	0.53	3.67	0.53	30.10	204.80	183.75	21.05	8.73	8.64	0.61	0.93
ZK01-1	0.26	1.59	0.22	13.10	129.19	119.29	9.90	12.05	13.85	0.59	0.88
ZK01-2	0.43	2.98	0.44	22.80	201.68	184.61	17.07	10.81	11.19	0.58	0.92
ZK01-3	0.17	0.98	0.14	15.30	31.39	25.08	6.31	3.98	4.38	1.27	0.81
ZK01-4	0.06	0.37	0.04	6.05	12.50	10.28	2.22	4.63	6.55	0.68	0.53
ZK01-5	0.18	1.17	0.16	9.10	75.34	68.46	6.88	9.96	10.36	0.68	0.95
ZK2821-1	0.14	0.81	0.11	12.20	21.77	16.10	5.67	2.84	3.18	0.64	0.75
ZK2821-2	0.32	1.99	0.27	24.00	85.13	70.98	14.15	5.02	6.02	0.73	0.88

　　从图 4-74 可以看出，巴江矿床岩石样品稀土配分模式曲线为右倾型，轻稀土元素相对富集、右倾明显，重稀土元素相对亏损，曲线相对平缓。矿石样品和围岩样品的稀土配分模式曲线极其相似，相对平行，矿石样品的稀土元素来源对围岩有一定的继承性。

　　为确定稀土元素来源，将样品相关结果投入 La/Yb-Ce/La 和 La/Yb-$\sum$REE 图解（图 4-75、图 4-76）中，从图 La/Yb-$\sum$REE 中可以看出，大部分岩石样品落在沉积岩区域内，但有 3 个样品落在沉积岩与玄武岩的重叠区。从 La/Yb-Ce/La 图中看出，大部分样品落在沉积岩和热水重叠区域，说明岩石稀土元素主要来源于矿区沉积地层，矿区同时也存在着一定的热水活动。

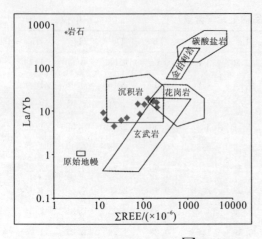

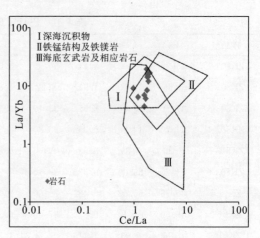

图 4-75   巴江矿床样品 La/Yb-$\sum$REE 图解   图 4-76   巴江矿床样品 La/Yb-Ce/La 图解

4.4.3   碳氧同位素地球化学特征

从表 4-32 可以看出，巴江矿区方解石的 C、O 同位素组成相对均一，$\delta^{13}C_{PDB}$ 为 $-0.80‰\sim-0.24‰$，极差 0.56‰，均值 $-0.55‰$；$\delta^{18}O_{SMOW}$ 为 11.96‰$\sim$17.46‰，极差 5.50‰，均值 15.44‰。

表 4-32   巴江矿床方解石碳－氧同位素组成

	ZK3827-1	ZK3827-2	ZK3827-3	ZK2821-2	平均值
$\delta^{18}O_{SMOW}/‰$	16.761	17.46	11.96	15.61	15.44
$\delta^{13}C_{PDB}/‰$	-0.63	-0.24	-0.52	-0.80	-0.55

图 4-77 上可以看出，$\delta^{13}C_{PDB}$ 与沉积碳酸盐比较接近，岩石中的 C 主要来源于海相碳酸盐岩盐的溶解，$\delta^{18}O_{SMOW}$ 低于碳酸盐岩，可以判断该区方解石脉体受低温热液碳酸岩盐的影响。

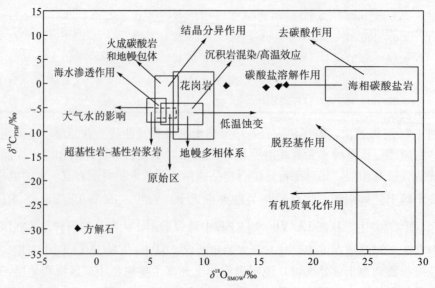

图 4-77   巴江矿床方解石 $\delta^{13}C_{PDB}$-$\delta^{18}O_{SMOW}$ 图

4.4.4　形成环境探讨

从表 4-33 中的特征元素指标可以看出，巴江矿区内岩石样品中 V/(V+Ni) 除 3 个远低于 0.46 外，其余样品都高于或接近 0.46，说明其在贫氧的环境下形成，只有 3 个样品的 V/Cr 大于 2，5 个样品的 Ni/Co 大于 7，4 个样品的 Ni/Co 小于 5，9 个样品的 Ni/Co 大于 5。只有 3 个样品的 U/Th 小于 1，最高值为 1013.62，说明受热水沉积影响。δU 只有 2 个样品小于 1，也说明本区的沉积环境为缺氧环境。

表 4-33　巴江矿床微量元素特征数值

样品号	V/V+Ni	V/Cr	Ni/Co	U/Th	δU
ZK803-1	0.62	1.30	4.10	1.87	1.70
ZK803-2	0.33	1.70	12.34	16.00	1.96
ZK803-3	0.61	1.70	6.07	25.10	1.97
ZK803-4	0.49	1.32	5.73	10.17	1.94
ZK803-5	0.35	2.91	12.50	8.86	1.93
ZK803-6	0.74	1.30	3.20	0.21	0.77
ZK01-1	0.51	1.62	8.03	1.18	1.56
ZK01-2	0.78	1.29	7.91	0.31	0.96
ZK01-3	0.27	1.77	15.32	4.83	1.87
ZK01-4	0.40	4.35	12.89	40.60	1.98
ZK01-5	0.74	1.21	2.92	0.65	1.32
ZK2821-1	0.40	2.99	13.61	1013.62	2.00
ZK2821-2	0.45	1.73	3.84	3.11	1.81

4.5　地球化学特征对比

4.5.1　微量元素特征对比

4 个典型矿床点的岩石样品都相对富集 Sc、V、Co、Ni、Cu、Zn、Cd、Cs、W、Th、Mo、Tl、U 和典型热水特征元素 Sb、Ba。

围岩样品与矿石样品的微量元素组合规律及其相似，富集系数也比较一致。

大新矿床中的 Mo、Sb、Tl 的富集程度明显高于其他矿床。

大新矿床中 U 与 Co、Ni、In、Zn、Cu、Mo 相关性较高，存在明显正相关，R^2 分别达到 0.920、0.875、0.827、0.817、0.780、0.743，。巴江矿床和普井屯矿点中 U 与各元素的相关性很差（表 4-34、图 4-78）。

表 4-34　矿床岩石样品微量元素特征对比

	相对富集	显著富集	与 U 相关性较高的元素
大新矿床	Sc、V、Co、Ni、Cu、Zn、Cd、Cs、Ba、W、Th	Mo、Sb、Tl、U	Co、Ni、In、Zn、Cu、Mo

	相对富集	显著富集	与 U 相关性较高的元素
巴江矿床	Sc、V、Co、Ni、Cu、Zn、Ga、Mo、Cd、Cs,、Ba、W	Sb、Th、U	W
普井屯矿点	Sc、V、Co、Ni、Cu、Zn、Ga、Mo、Cd、Cs、Ba、W	Sb、Th	
雷屯矿点	Sc、V、Co、Ni、Cu、Cd、Cs、W、Th、U、Rb、	Mo、Th、Sb	V、Sb、Zn、W、Cr、Cu

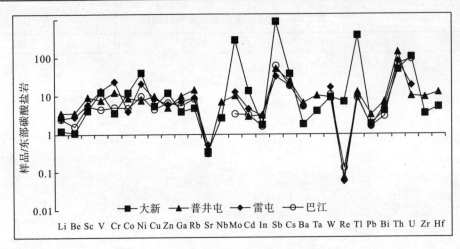

图 4-78　矿床岩石样品平均微量元素富集系数图

对大新、普井屯、雷屯三个矿点沉积岩、泥盆系和泥岩中微量元素平均值蛛网图如图 4-79 所示，由标准化曲线可以看出，三个矿点沉积岩地层的曲线模式呈规律性变化。大离子亲石元素 Ba、Nb、Sr 亏损，富集 Rb、U、Th，高场强元素 La、Ce、Nd、富集，显示正异常。三个矿点沉积岩地层微量元素蛛网图曲线基本相似，在物源上可能具有亲缘关系。

由三个矿点矿化地层微量元素蛛网图(图 4-80)可以看出，三个矿点矿化地层的曲线模式有所变化。大离子亲石元素 Ba、Sr 亏损，富集 Rb、U、Th，高场强元素 La、Ce、Nd 富集，显示正异常。大新矿床和普井屯矿点曲线特征基本一致，两者 U 和 Sr 平均值和雷屯都有较大差异，两者 U 明显比雷屯高，而 Sr 则明显低于雷屯。

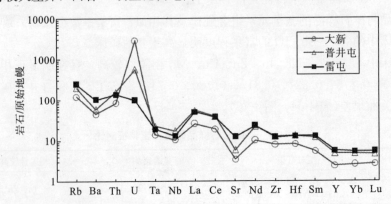

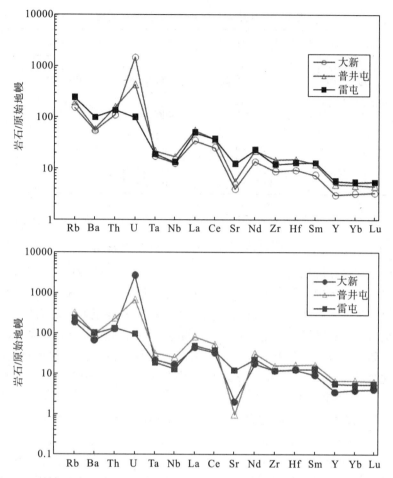

图 4-79 三个矿点沉积岩(上)、泥盆系(中)和泥岩(下)中微量元素平均值蛛网图

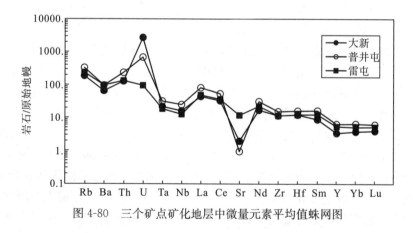

图 4-80 三个矿点矿化地层中微量元素平均值蛛网图

4.5.2 稀土元素特征对比

4 个矿床样品的球粒陨石稀土配分模式图分布曲线均为右倾型,轻稀土相对富集,重稀土则相对亏损,总体比较平缓,LREE 略微右倾,HREE 比较平缓,同时具有明显的负 Eu 异常(表 4-35)。

表 4-35　矿床岩石样品稀土元素特征对比

	$\sum$REE /($\times 10^{-6}$)	LREE/HREE	$(La/Yb)_N$	δEu	δCe
大新矿床	21.58~131.46 均值 45.04	4.76~15.46 均值为 6.83	2.80~16.51 均值为 7.34	0.51~0.96 均值为 0.66	0.89~1.08 均值为 0.98
巴江矿点	12.50~204.80 均值 97.49	2.84~12.05 均值为 7.52	3.18~13.85 均值为 8.33	0.54~1.27 均值为 0.69	0.53~1.00 均值为 0.84
普井屯矿点	6.68~275.61 均值 168.3	4.39~1089 均值为 9.03	5.82~13.87 均值为 10.75	0.61~1.30 均值为 0.72	0.61~1.03 均值为 0.89
雷屯矿点	18.25~638.35 均值为 158.28	2.68~9.32 均值为 6.28	2.34~16.61 均值为 9.51	0.60~0.72 均值为 0.65	0.40~0.95 均值为 0.64

矿石样品和围岩样品的配分模式极其相似，但 $\sum$REE 总量上大于围岩。

La/Yb- $\sum$REE 图解中，大新和巴江矿床岩石样品大部分投点位于沉积岩区，普井屯矿点多数样品均落在沉积岩与碱性玄武岩、花岗岩的重叠区域内，雷屯矿点大部分岩石样品落在沉积岩区域内，但唐家湾组 2 个泥岩样品落在花岗岩区。在 La/Yb-Ce/La 图解中大新和巴江矿床岩石样品均落在三者的重叠区域，普井屯矿点岩石样品主要落在沉积岩与铁锰结核的重叠区域，雷屯矿点岩石样品主要落在沉积岩与海底玄武岩的重叠区。

本书对大新、雷屯、普井屯三个矿床点稀土元素平均值进行了对比研究，分别作出了沉积岩、泥盆系地层、泥岩和矿化地层等中稀土元素平均值配分模式图（图 4-81，图 4-82），现分别阐述其特征如下。

三个矿点沉积岩、泥盆系和泥岩中稀土元素平均值分配模式图如图 4-81 所示，从图中可以看出，三个矿点沉积岩，泥盆系和泥岩稀土元素总量的分布曲线规律基本一致，稀土曲线分散，平行分布，三个矿点元素组合特征各组之间具有相似的稀土分布模式，仅在稀土含量上存在差别，曲线明显右倾，轻稀土曲率大，重稀土曲率小，轻稀土相对富集，重稀土则相对亏损，弱的 Eu 异常。普井屯和雷屯曲线拟合较好且含量明显高于大新，表明了普井屯和雷屯沉积岩类型和沉积时代基本相同和大新有所差异，这种现象也可能与大新高度富铀有一定关系。对比沉积岩和泥盆配分模式图可以看出，沉积岩和泥盆系中曲线特征相当一致，说明泥盆系地层中三个矿点沉积岩具有相似性，而三个矿点矿化也主要赋存在该地层，表明三个矿点主要含矿岩性有所差异，大新主要在灰岩和灰岩角砾岩，而普井屯主要在泥质粉砂岩和泥质砂岩。

从三个矿点矿化地层稀土元素平均值配分模式图（图 4-82）可以看出，稀土曲线分散，都表现有弱的 Eu 异常，雷屯和普井屯曲线特征相似，表现为右倾，轻稀土相对富集，重稀土则相对亏损，这表明两者矿化在来源上有一定同源性。而大新曲线和它们差别很大，曲线变化较小，轻重稀土分异不明显，三个矿点在图像左侧含量差别不大而在右侧变化很大，这个可能表明铀矿化程度与重稀土富集有一定正相关联系，也说明大新矿床有深部物质加入。

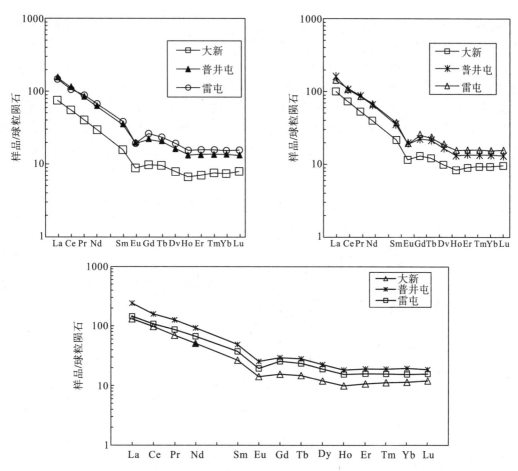

图 4-81 三个矿点沉积岩(左)、泥盆系(右)和泥岩(下)中稀土元素平均值配分模式图

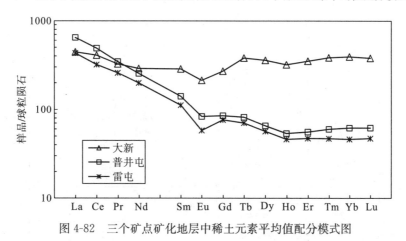

图 4-82 三个矿点矿化地层中稀土元素平均值配分模式图

4.5.3 碳氧同位素特征

方解石脉体的 C、O 同位素组成比较均一,大新矿床 $\delta^{13}C_{PDB}$ 为 $-2.78\permil \sim 0.68\permil$,$\delta^{18}O_{SMOW}$ 为 $17.52\permil \sim 19.76\permil$,极差 $2.24\permil$,巴江矿床方解石 $\delta^{13}C_{PDB}$ 为 $-0.80\permil \sim -0.24\permil$,$\delta^{18}O_{SMOW}$ 为 $11.96\permil \sim 17.46\permil$,雷屯方解石的 $\delta^{13}C_{PDB}$ 为 $-2.30\permil \sim -0.34\permil$,

$\delta^{18}O_{SMOW}$ 为 16.03‰～23.05‰。由于处于碳酸盐区，$CaCO_3$ 中的 ^{13}C 可能是后期进入脉体，进而出现碳的正偏移。氧同位素与正常碳酸盐区的 ^{18}O 比较接近。从图 4-83 上可以看出，投点均位于海相沉积碳酸盐岩和以岩浆为代表的深部流体之间，但较靠近海相碳酸盐岩区域，说明方解石中的碳主要来自于海相碳酸盐岩的溶解作用。碳主要来源于围岩地层。在图 4-84 上可以看出，投点主要位于低温热液碳酸盐区。雷屯，巴江矿床部分点投在火成岩外变质带区域，低温热液可能是大气降水淋滤或沿裂隙下渗与深部高温流体混合形成的热液，位于火成岩外变质带内或附近的样品可能是与区域的火山活动和岩浆活动有关。

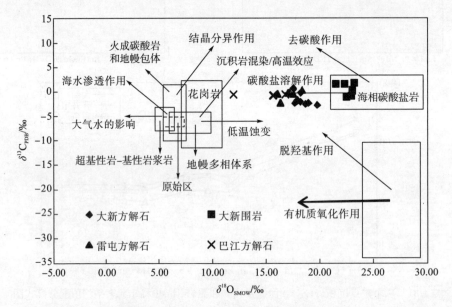

图 4-83　矿床（点）方解石 $\delta^{13}C_{PDB}$-$\delta^{18}O_{SMOW}$ 图

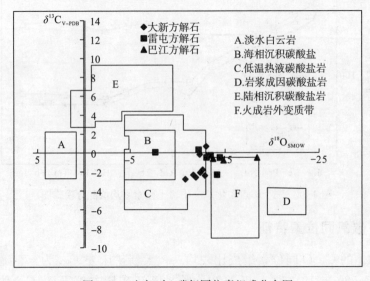

图 4-84　矿床（点）碳氧同位素组成分布图

第5章　大新铀矿床成矿机理研究

5.1　成矿物质来源

5.1.1　铀及伴生元素的浸出特征及来源探讨

1. 样品处理与实验设计

1)样品采集与处理

样品采集：样品位于大新铀矿床采矿采场及一个钻孔，分为四类样品，分别为寒武系围岩、泥盆系围岩、矿石、矿化体，共采集样品 9 件(表 5-1)。

表 5-1　样品采集位置、编号及岩性

采样位置	样品编号	岩性
泥盆系围岩	ZK215-11	白云质灰岩
	ZK215-14	含钙细砂岩
寒武系围岩	ZK215-25	细砂岩夹泥岩
	ZK215-26	细砂岩
矿石	DX20-2B	硅质体
	DX20-2D	略微有硅化
矿化	DX20-2J	硅质体(顶部)，强硅化
	DX20-2H	灰白色粉砂质泥岩，弱硅化
	DX20-5	灰黑色硅化泥岩

样品处理：首先用蒸馏水将样品清洗干净，再将样品破碎，并用玛瑙研钵研磨，直至过筛 200 目，用电子天平称量样品，每份 20.00 g。

2)实验设计

温度：25°、90°；pH：6、8；固液比：1∶5；酸碱度：硝酸和氢氧化钠调节。

浸泡时间：25°条件下，设计 5 组实验，并设计空白样，以 7 天为一周期，每隔 7 天用移液枪吸取上层清液，用离心机离心 5 min，然后用 ICP-MS 分析其中的金属元素含量；90°条件下，将配置好的样品置于恒温水浴锅中加热 4 h，并设计空白样，取上层清液方法同上。

2. 全量分析结果

根据铀矿的特点，按照分析方法，选取了与铀矿有密切关系的 U、Th、V、Mo、Co、Ni、As、Sb、Pb 九个元素进行分析，分析统计结果如表 5-2 所示。

表 5-2   全量分析结果   单位：$\times 10^{-6}$

样品号	As	Co	Mo	Ni	Pb	Sb	Th	U	V
ZK215-11	75.63	5.82	8.55	35.31	6.59	8.80	1.10	3.25	89.64
ZK215-14	5.32	16.58	4.91	28.95	24.32	1.00	10.50	50.43	59.77
ZK215-25	4.88	9.88	3.11	23.67	4.68	0.82	1.67	6.96	10.23
ZK215-26	3.27	28.42	5.93	18.80	20.11	3.27	13.97	4.72	37.95
DX20-2B	2763.81	26.44	2344.88	1503.04	7.65	242.23	0.95	2881.71	185.61
DX20-2D	7122.15	40.51	12939.63	2754.31	14.86	2351.12	2.79	10770.59	1478.85
DX20-2J	262.00	23.49	671.62	215.99	14.64	374.55	5.90	223.44	328.79
DX20-2H	257.41	8.88	273.15	126.32	28.80	380.61	9.98	159.84	345.35
DX20-5	251.45	12.65	1186.01	21.80	26.15	905.91	4.35	111.91	196.38

3. 铀浸出量对比

1) 25°时样品中铀浸出量对比

(1) 25°时围岩中铀的浸出量对比结果如图 5-1 所示。

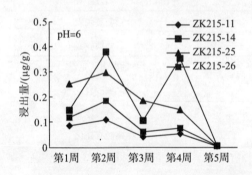 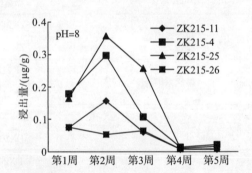

图 5-1   围岩中铀的浸出量随时间变化趋势

从图 5-1 可以看出，pH 为 6 时，围岩中铀浸出量变化趋势整体是一致的，大致呈
"M" 型展布，在二、四周出现峰值，一、三、五周出现谷值。在峰值上，浸出量最大的
为 ZK215-14 样品，其次为 ZK215-25、ZK215-26，最小为 ZK215-11。在谷值上，浸出量
最大的为 ZK215-25，其次为 ZK215-14、ZK215-26，最小值仍为 ZK215-11。pH 为 8 时，
围岩中铀浸出量变化趋势基本一致，总体上呈先上升后下降的趋势，其中 ZK215-25、
ZK215-14、ZK215-11 变化明显，ZK215-26 变化趋势较缓。在第二周时，ZK215-25 浸出
量最大，其次为 ZK215-14、ZK215-11，ZK215-26 值最小。

(2) 25°时矿石及矿化体中铀浸出量对比结果如图 5-2 所示。

矿石中样品主要分为强硅化、弱硅化、黑色硅化三种，共选取 5 个样品进行分析，
pH 为 6 和 8，可明显看出 DX20-2B 浸出量值最大，远远高于其余 4 个样品，其余 4 个样
品变化趋势基本一致，总体是逐渐降低的趋势。DX20-2B 为强硅化岩石，DX20-2J 为也
为强硅化，但采于硅质体顶部。因此，强硅化样品铀浸出量最大。

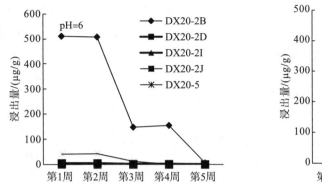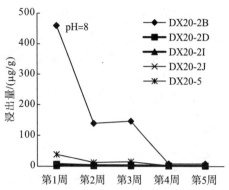

图 5-2　矿石中铀的浸出量随时间变化趋势

（3）25°时寒武系围岩在 pH 为 6、8 时铀浸出量对比结果如图 5-3 所示。

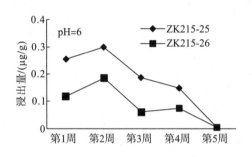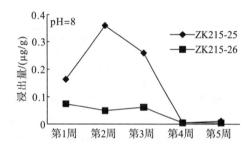

图 5-3　寒武系围岩中铀的浸出量随时间变化趋势

寒武系围岩的两个样品为 ZK215-25、ZK215-26，从图 5-3 可以看出，当 pH 为 6 时，两个样品铀浸出量变化整体趋势一致，即为先上升后下降，再稍微上升再下降，在第二周浸出量达到最大，第三周开始逐渐降低。可以明显看出，ZK215-25 浸出量比 ZK215-26 浸出量要大。当 pH 为 8 时，两个样品基本趋势大致相似，前三周，ZK215-25 浸出量明显高于 ZH215-26 的浸出量，第四周开始两者差距很小，变化也很小。从两个 pH 的趋势图可以看出，样品 ZK215-25 浸出量较大。

（4）25°时泥盆系围岩在 pH 为 6、8 时铀浸出量对比结果如图 5-4 所示。

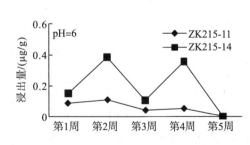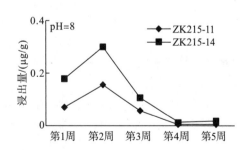

图 5-4　泥盆系围岩中铀的浸出量随时间变化趋势

泥盆系围岩的两个样品为 ZK215-11、ZK215-14，从图 5-4 可以看出，当 pH 为 6 时，ZK215-11 浸出量趋势呈"M"型展布，第二、四周浸出量值为峰值，第一、三、五周浸出量值为谷值，ZK215-14 浸出量曲线变化较小，起伏不大，ZK215-14 浸出量明显大于 ZK215-11 的浸出量。当 pH 为 8 时，两个样品趋势基本一致，呈先上升后下降的趋势，在第二周出现最大值，然后逐渐减小。总的来说，ZK215-14 样品的浸出量明显比 ZK215-11 浸出量值大。

（5）25°时强硅化矿石中铀浸出量结果如图 5-5 所示。

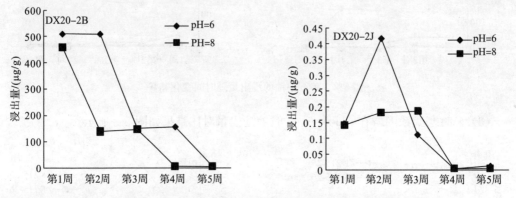

图 5-5　DX20-2B、DX20-2J 铀浸出量随时间变化趋势

从图 5-5 可以看出，DX20-2B 在 pH 为 6 时，铀浸出量明显高于 pH 为 8，整体呈下降趋势；DX20-2J 在第二周时，pH 为 6 的铀浸出量明显高于 pH 为 8 的样品浸出量，但在第三周，pH 为 8 的浸出量高于 pH 为 6 的样品浸出量，整体也是呈下降趋势。

（6）25°时弱硅化岩石中铀浸出量结果如图 5-6 所示。

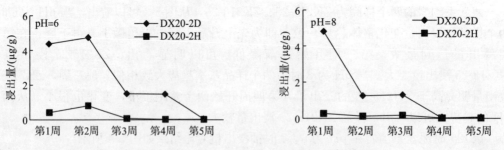

图 5-6　弱硅化矿石中铀浸出量随时间变化趋势

从图 5-6 中可以看出，DX20-2D 样品铀浸出量整体高于 DX20-2H，DX20-2H 的铀浸出量变化趋势较缓，DX20-2D 样品铀浸出量在 pH 为 6 时，第二周值最大，并随时间的增加，浸出量逐渐减小。

（7）25°时黑色硅化岩石中铀浸出量结果如图 5-7 所示。

从图 5-6 中可以看出，在前三周，pH 为 6 的铀浸出量明显高于 pH 为 8 的，随后两者变化曲线基本一致。pH 为 6 时，第二周为峰值。pH 为 8 时，样品的铀浸出量变化趋势基本是一致减小的趋势。

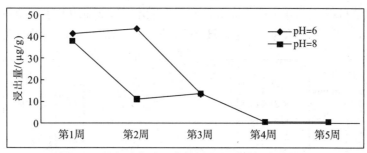

图 5-7　黑色硅化矿石中铀浸出量随时间变化趋势

2)加热至 90°条件下铀浸出量对比

加热至 90°且 pH 为 6、8 时，各样品中铀浸出量结果如图 5-8 所示。

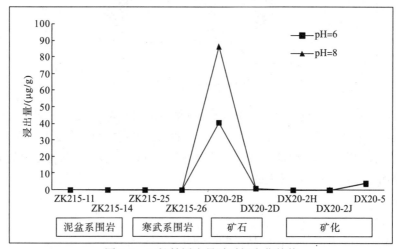

图 5-8　90℃铀浸出量随时间变化趋势

在加热到 90°的条件下，从图 5-8 可以看出，无论 pH 为 6 或者 8，浸出量变化趋势是一致的，即矿石 DX20-2B 浸出量最高。因为 DX20-2B 为强硅化，本身含铀量较大，因此将此样品剔除，看剩下样品的浸出量变化。

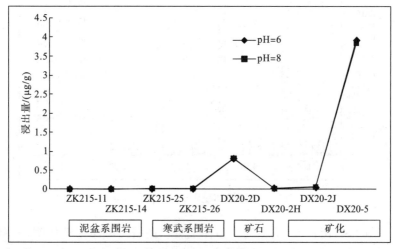

图 5-9　90℃铀浸出量随时间变化趋势（剔除最大值 DX20-2B）

剔除最大值(DX20-2B)以后，从图 5-9 可以看出，两条曲线几乎完全重合，可以证明在加热条件下，无论是 pH 为 6 或者 pH 为 8，同一样品的浸出量是没有太大变化的。

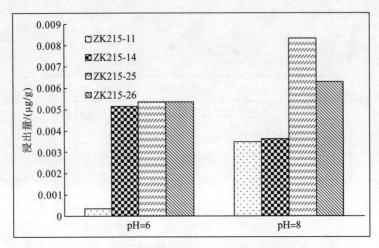

图 5-10 90℃围岩浸出量随 pH 变化趋势

将矿石样品剔除后，观察寒武系围岩和泥盆系围岩样品的浸出量随 pH 的变化趋势(图 5-10)，可以看出，ZK215-11、ZK215-25、ZK215-26 样品的铀浸出量变化是随着 pH 增大而增大，而 ZK215-14 样品的铀浸出量是随着 pH 增大而减小的。明显看出，样品 ZK215-25 的铀浸出量总体是最大的。

4. 铀浸出率对比

1)25℃铀浸出率对比

在 25℃时，pH 为 6 时，各样品中铀的浸出率结果如图 5-11 所示，pH 为 8 时各样品中铀的浸出率结果如图 5-12 所示。

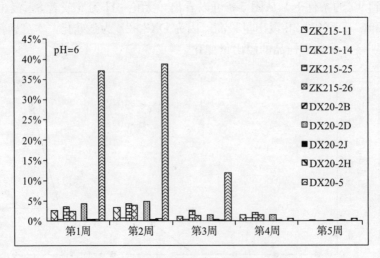

图 5-11 25℃铀浸出率随时间变化趋势

从图 5-11 可以看出，pH 为 6 时，整体上看，铀浸出率结果整体都是随着时间变化逐渐减小，DX20-5、DX20-2B 浸出率较高，围岩样品中浸出率最高的是 ZK215-25。

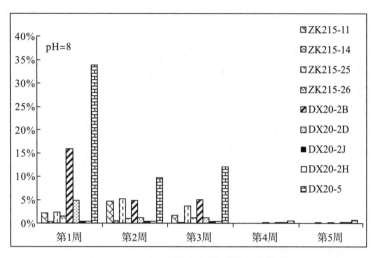

图 5-12　25℃铀浸出率随时间变化趋势

从图 5-12 可以看出，pH 为 8 时，整体上看，铀浸出率结果整体都是随着时间变化逐渐减小，DX20-5、DX20-2B 浸出率较高，围岩样品中浸出率最高的是 ZK215-25。

2)加热至 90℃围岩中铀浸出率对比

加热至 90℃时围岩中铀浸出率结果如图 5-13 所示。

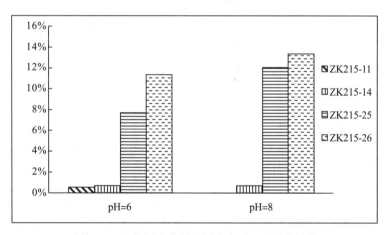

图 5-13　90℃围岩中铀的浸出率随 pH 变化趋势

加热至 90℃时，围岩中样品浸出率最大为 ZK215-26，其次为 ZK215-25，再次为 ZK215-14、ZK215-11。pH 为 8 的铀浸出率较 pH 为 6 的铀浸出率要大。

5.铀浸出量与浸出率对比

1)25℃时浸出量与浸出率对比

25℃时，围岩样品的浸出量与浸出率对比结果如图 5-14 所示。

pH 为 6 时，25℃围岩浸出量泥盆系围岩（ZK215-14）最大，总体看寒武系围岩（ZK215-25）铀浸出率最大。泥盆系围岩中浸出量与浸出率成反比，寒武系围岩中浸出量与浸出率成正比。

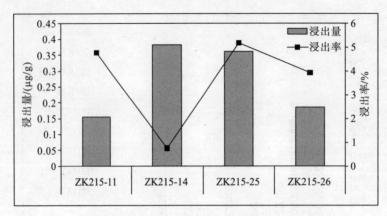

图 5-14 25℃围岩样品浸出量与浸出率对比图

2)90℃时围岩浸出量与浸出率对比

加热至90℃时，围岩样品的浸出量与浸出率对比结果如图 5-15 所示。

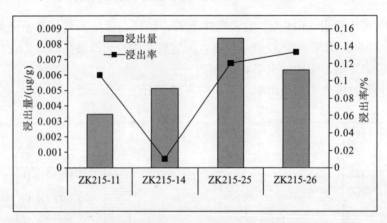

图 5-15 加热至90℃围岩样品浸出量与浸出率对比图

pH 为 6 时浸出量在寒武系围岩（ZK215-25）最大，浸出率在寒武系围岩（ZK215-26）最大。整体看，寒武系围岩浸出量和浸出率均较大。

6. 铀与钼关系

1)铀与钼浸出量对比

(1)25℃条件下，pH 为 6 时，各样品铀、钼浸出量随时间变化如图 5-16 所示。

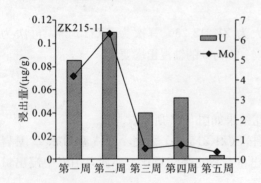
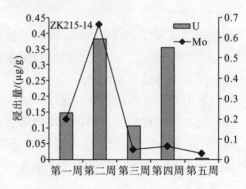

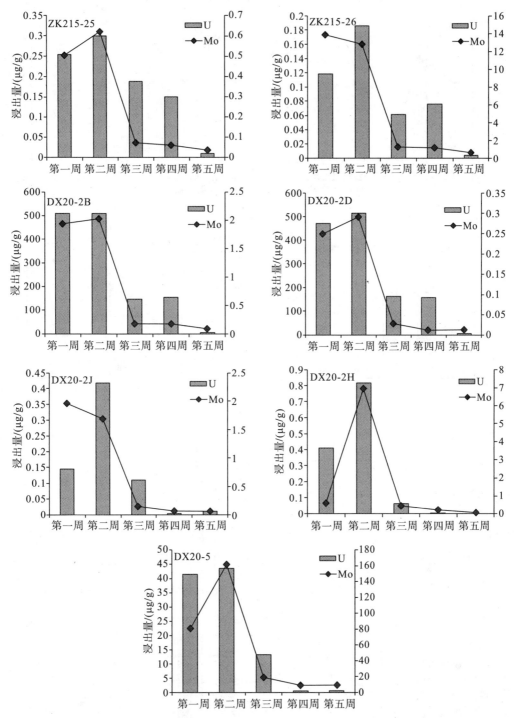

图 5-16　25℃条件下，pH 为 6 时，各样品铀、钼浸出量随时间变化

（左边纵坐标为 U，右边纵坐标为 Mo）

从图 5-16 中可以看出，钼的浸出量曲线基本一致，钼随铀浸出量的增加而增加。在第二周铀值达到最大值，钼基本也是最大值。

（2）25℃条件下，pH 为 8 时，各样品中铀、钼浸出量对比如图 5-17 所示。

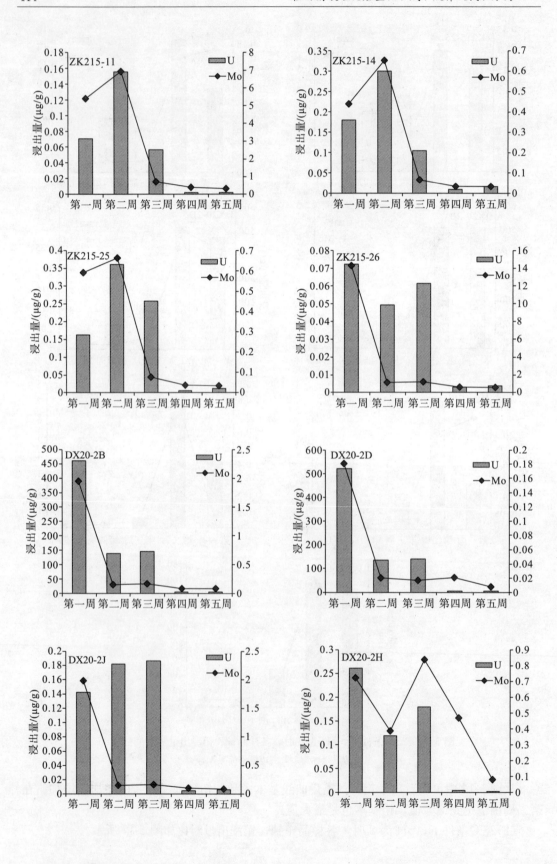

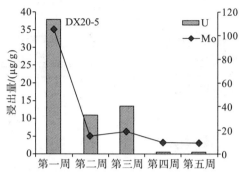

图 5-17　25℃条件下，pH 为 8 时，各样品铀、钼浸出量随时间变化

（左边纵坐标为 U，右边纵坐标为 Mo）

从图 5-17 中可以看出，泥盆系围岩中钼的浸出量在第二周达到最大，铀的变化在 ZK215-11、ZK215-14 中相似。寒武系围岩中钼的浸出量曲线略有差异，但总体上都是先升高再降低的趋势。前三周铀含量较高，第四、五周铀的含量变的很小。

（3）90℃条件下，pH 为 6、8 时，各样品铀、钼浸出量对比结果如图 5-18 所示。

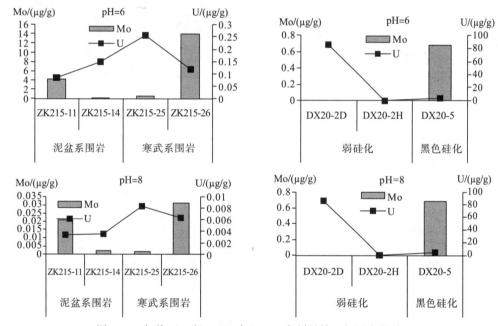

图 5-18　加热至 90℃，pH 为 6、8，各样品铀、钼浸出量对比

加热至 90℃时，围岩中铀与钼平均值在寒武系围岩中较高，整体上铀的浸出率在 pH 为 8 比 pH 为 6 的要大。整体变化趋势一致。黑色硅化体中钼的含量较高，弱硅化体中铀的含量较高。

2）围岩中铀与钼浸出率对比

围岩间浸出率对比，寒武系围岩以 ZK215-25 为代表，泥盆系围岩以 ZK215-14 为代表。

（1）25℃、90℃条件下，pH 为 6 时，围岩浸出率如图 5-19 所示。

25℃时，前两周铀、钼的浸出率均较大，在第二周达到最大值，整体都是先上升后下降，总体变化趋势相似。在 25℃、90℃条件下，铀、钼的浸出率在寒武系围岩中均较大，整体看，都是铀浸出率高，钼浸出率也增高。

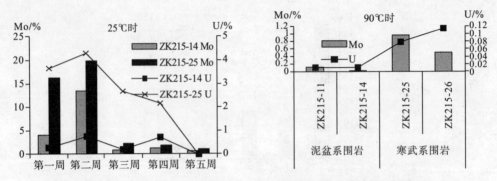

图 5-19　25℃、90℃条件下，pH 为 6 时围岩中铀、钼浸出率变化

（2）25℃条件下，pH 为 6 时，围岩各时间阶段浸出率对比如图 5-20 所示。

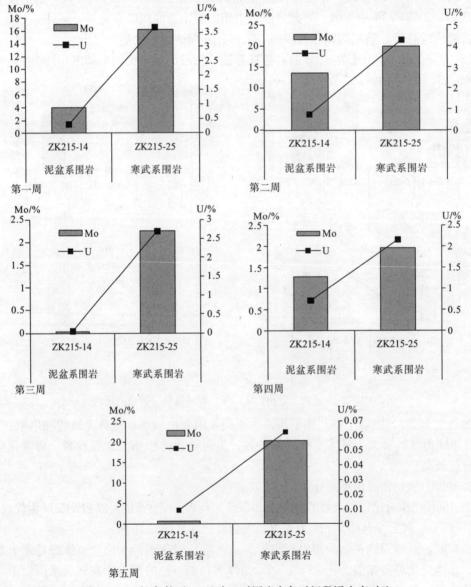

图 5-20　25℃条件下，pH 为 6 时围岩在各时间段浸出率对比

从图 5-20 中均可以看出不同时间段内，铀、钼浸出率是不断变化的，铀浸出率高，钼的浸出率也高。在每个时间段内，寒武系围岩样品的铀、钼浸出率均较泥盆系围岩高。

(3) 25℃、90℃条件下，pH 为 8 时，围岩各时间阶段浸出率对比如图 5-21 所示。

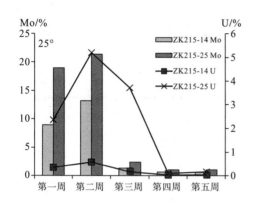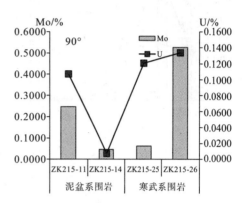

图 5-21　25℃、90℃条件下，围岩各时间阶段浸出率对比

在 25℃、90℃条件下，钼的浸出率在寒武系围岩中较高，铀的浸出率也是在寒武系围岩中较高。25℃时随着时间的变化，铀、钼浸出率呈先上升后下降的趋势，各时间段内，寒武系围岩浸出率大于泥盆系围岩，铀、钼的浸出曲线总体一致。

(4) 25℃条件下，同一样品在不同 pH 情况下浸出率对比如图 5-22 所示。

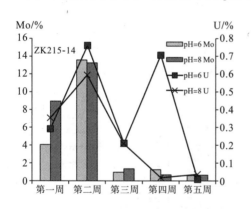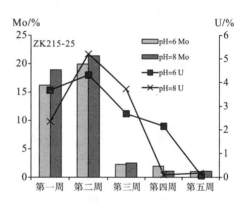

图 5-22　25℃条件下，不同 pH 条件下样品浸出率对比

从图 5-22 中可以看出，泥盆系围岩中前三周，钼的浸出率在第一、三、五周的 pH 为 8 时较大，铀的浸出率在第二、四周的 pH 为 6 时较大；寒武系围岩在前两周钼在 pH 为 8 时较大，pH 为 6 或 8 时，第二周铀的浸出率均达到最大值。

3) 25℃条件下，矿化体之间对比

25℃条件下，矿化体在不同 pH 环境下浸出率对比如图 5-23 所示。

图 5-23 为矿化体的浸出率对比，从图中可以看出，铀与钼的在 pH 为 6、8 的浸出率曲线均相似。黑色硅化中 pH 为 8 的钼浸出率非常大，pH 为 6 的铀浸出率高于 pH 为 8 的。

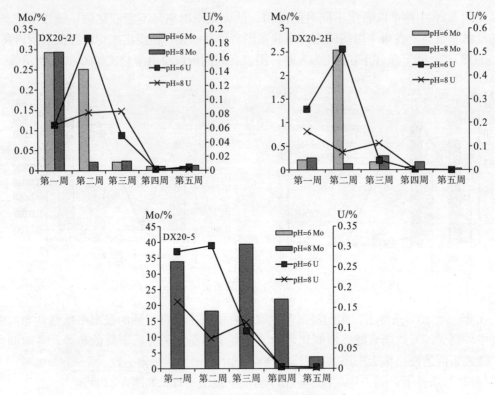

图 5-23　25℃条件下不同 pH 铀、钼浸出率对比

4)围岩浸出量与浸出率对比

(1)pH 为 6 时，25℃时，围岩浸出量与浸出率对比如图 5-24 所示。

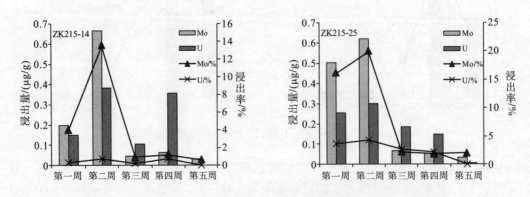

图 5-24　25℃条件下，pH 为 6 时，围岩浸出量与浸出率随时间变化

pH 为 6 时，泥盆系围岩在第二周钼的浸出量和浸出率均较高，铀的浸出率变化较小，浸出量在第二、四周较大；寒武系围岩在第二周钼的浸出量和浸出率均较高，浸出量与浸出率变化趋势相似，浸出量高，浸出率也较高。

(2)pH 为 8 时，25℃条件下，围岩浸出量与浸出率对比如图 5-25 所示。

两种围岩在五个时间段中(除第三周)钼的浸出量明显高于铀的浸出量，钼的浸出率也明显高于铀，铀与钼的浸出率曲线趋势总体一致。

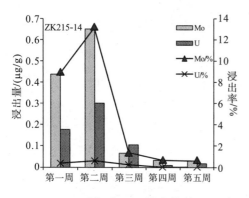
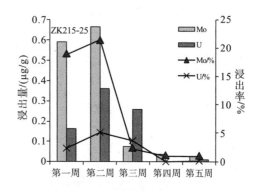

图 5-25　25℃条件下，pH 为 8 时，围岩浸出量与浸出率随时间变化

(3)90℃条件下，围岩在不同 pH 浸出量与浸出率对比如图 5-26 所示。

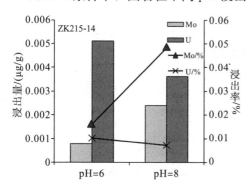
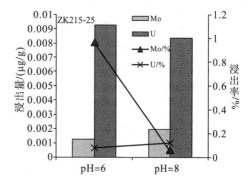

图 5-26　加热至 90℃，围岩在不同 pH 浸出量与浸出率对比

在加热至 90℃条件下，相同点：围岩中铀比钼的浸出量高，pH 为 6 的铀浸出量高于 pH 为 8 的，铀的浸出率变化很小，不同点：泥盆系围岩(ZK215-14)中钼的浸出率在 pH 为 8 时最大，寒武系围岩(ZK215-25)中钼的浸出率在 pH 为 6 时最大。

7.围岩中铀与其他元素关系

1)围岩中铀与其他元素浸出量对比

(1)泥盆系围岩在不同 pH 条件下铀与其他元素浸出量对比情况如图 5-27 所示。

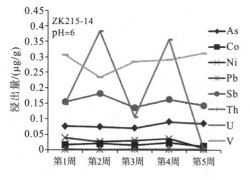
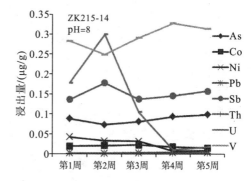

图 5-27　泥盆系围岩在不同 pH 条件下各元素随时间变化情况

从图 5-27 可以看出，与铀变化曲线相似的元素为 Sb、As、Ni、Co 浸出量正比，Pb、Th 随时间变化较小，而 V 变化特征与 U 成反比，且浸出量较大。

　　(2)寒武系围岩。在不同 pH 条件下铀与其他元素浸出量对比情况如图 5-28 所示。

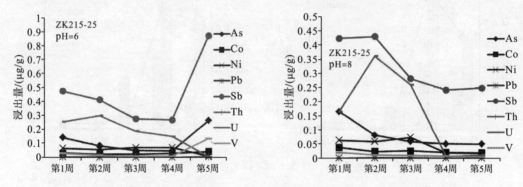

图 5-28　寒武系围岩在不同 pH 条件下铀与其他元素浸出量随时间变化

　　从图 5-28 中可以看出，铀的浸出量曲线为先上升后下降，Sb 浸出量较高，图中相关性不是很明显，可以看出 U 与 Sb、V 浸出曲线相似。

　　2)围岩中铀与其他元素浸出率对比

　　(1)泥盆系围岩在不同 pH 条件下铀与其他元素的浸出率对比情况如图 5-29 所示。

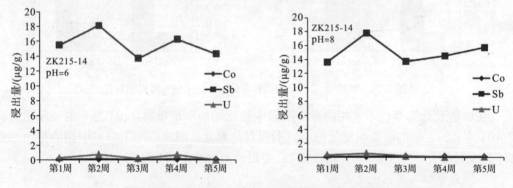

图 5-29　泥盆系围岩在不同 pH 条件下铀与其他元素浸出率随时间变化

　　从元素浸出率图分析，Sb 浸出率较大，整体上，无论是 pH 为 6 或 8，U 与 Co、Sb 浸出曲线基本一致，Pb、Th 浸出率非常小，两种浸出曲线相似。

　　(2)寒武系围岩在不同 pH 条件下铀与其他元素的浸出率对比情况如图 5-30 所示。

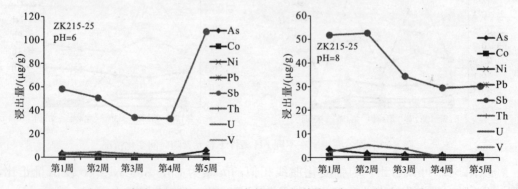

图 5-30　寒武系围岩在不同 pH 条件下铀与其他元素浸出率随时间变化

从图 5-30 中看出，Sb 浸出率最大，铀与其他元素浸出特性无明显相似性。

8. 总结与讨论

(1)铀的浸出特征：25℃条件下，在 pH 为 6、8 时围岩的浸出量曲线均较相似，pH 为 6 时铀的浸出量较高，浸出率在寒武系围岩中较高；90℃条件下，围岩的浸出量在 pH 为 8 时较高，寒武系围岩的浸出率较高。

(2)铀与钼的关系：25℃条件下，围岩中钼比铀的浸出量高，寒武系围岩中铀、钼含量均较高，铀与钼呈正比。黑色硅化体中钼浸出率较高；90℃条件下，围岩中铀比钼的浸出量高泥盆系围岩钼的浸出率在 pH 为 8 时最大，寒武系围岩钼的浸出率在 pH 为 6 时最大。

(3)铀与其他元素的关系：泥盆系围岩 U 与 Sb、As、Ni、Co 浸出量呈正比，而 V 变化特征与 U 成反比，且浸出量较大，浸出率 U 与 Co、Sb 基本一致，Pb、Th 随时间变化在浸出量和浸出率均较小；寒武系围岩 U 与 Sb、As、V 浸出曲线相似，铀与其他元素浸出率无明显相似性。

5.1.2　共生伴生元素来源讨论

Cu、Pb、Zn、Hg、Mo、Co、V、Ni 等元素是含矿热液的主要元素组成，通过研究它们与成矿元素之间的关系，可以对判断成矿物质来源提供很大的帮助。大新铀矿床的微量元素中，Cu、Zn、Mo、V、Ni 这些元素在含矿样品中不仅含量较高，并且随着矿化加强，它们的含量也呈增加的趋势，由聚类分析和相关性分析可以看出，它们与 U 的关系非常密切，是成矿伴生元素，且 Mo 已构成工业矿体(详见 4.1 节)，这与金银寨(320)矿床(为典型的硅质岩型热液叠加改造型铀矿床)存在一定的相似性。

大新矿床含矿样中富集相当数量的亲硫元素 Cu、Zn、Pb 等，同时在矿床中又有一定数量 Ni、V 等亲铁元素的富集，这些元素的出现说明热液来源具有深源特征(黄展裕，2010)。

大新矿床的地球化学特征已在 4.1 节进行了详细的讨论，为了讨论与铀相关的元素的来源，将不同矿化程度的样品微量元素含量的平均值作成折线图，如图 4-15 所示。

从不同品位样品平均值来看，不同微量元素含量变化趋势大致相同，随着 U 矿化程度的加强，微量元素含量也有所增加，V、Co、Ni、Cu、Zn、Mo、Sb 元素表现得十分明显，这些元素伴随着 U 的迁移聚集而呈现富集趋势。通过分析，发现总体上含矿样中与 U 联系最紧密的是 Cu、Mo、Zn，其次是 V、Ni 元素，Cu、Zn 是亲硫、亲铁元素，Ni 是典型的地幔元素，U 与这些元素密切相关的事实反映了成矿物质有深部来源的特点。微量元素特征表明，与铀伴生的微量元素具有同源的特点。

为了进一步研究成矿物质来源，对不同矿化程度的样品的稀土元素进行了分析研究，用各分类样品稀土元素平均值和 Dx47-1 样品(Dx47-1 是离矿区较远、与成矿完全没有关系的岩石样品)中的稀土元素作球粒陨石标准化配分模式图，如图 5-31 所示。

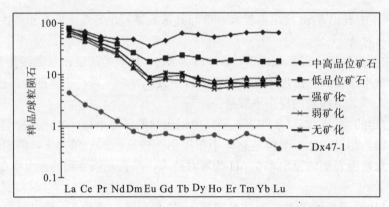

图 5-31   大新矿床不同矿化程度样品稀土元素配分模式图

由图 5-31 可以看出，大新矿床内不同矿化程度的样品，其稀土元素含量变化较大，铀含量越高，稀土元素总量也随之增加，且轻重稀土比值变小。与远离矿床的围岩比较，矿区岩石的稀土元素含量均远大于未经历任何成矿作用的岩石。这说明大新矿床成矿物质不完全来自于围岩，具有复合成因的特点。

综上所述，通过地球化学研究发现，与铀伴生共生的元素在矿石中的地球化学特征与围岩有很大的差异，说明这些元素有部分来自于围岩，但不全是来自围岩，有深部物质混入。

5.2   成矿流体的来源探讨

5.2.1   成矿流体来源的地质学证据

通过研究发现，大新铀矿成矿流体具有地表大气降水和深部热液的混合来源特征。大新铀矿床具有热液成因及深部流体来源的证据，表现在以下几方面。

（1）野外发现了许多硅质体，其中的铀含量较高，而该硅质体呈透镜状，规模大小不一，大的有 2~3 m 厚，5~6 m 长，小的仅数十公分；同时在现场可以发现多期方解石脉体的穿插存在；

（2）在镜下发现，大新铀矿床中的泥盆系下部构造破碎带中的岩石中有火山碎屑和千枚岩碎屑，表明曾有岩浆活动(或火山活动)的迹象(见附图 17)，同时表明该含矿构造活动性较大，并且规模大；

（3）有多期热液活动迹象(附图 9、附图 10)；

（4）矿区附近的辉绿岩脉无论从微量元素组成还是形成年龄，均与铀矿化有显著的关系，表明岩浆活动对大新铀矿形成起到了重要的作用。

前期的微量元素、岩石学及矿物学研究显示出大新矿床确有热液活动和岩浆作用影响。

此外，在大新矿床中，59 线发现在寒武系地层中有铀矿化，说明有热液活动。

上述地质学特征说明，无论从宏观特征，还是围观特征，大新矿床有热液活动的显著证据，具有热液成因的特点。但从整体上来看，该矿床仍以沉积-后生改造为主，经后期热液叠加富集形成。

5.2.2　成矿流体来源的地球化学证据

为了进一步深入研究大新矿床的成矿流体来源，采集了矿区方解石作为成矿流体的代表，通过微量元素、稀土元素及同位素地球化学示踪，研究成矿流体来源问题。

1. 方解石脉微量元素特征及其意义

微量元素地球化学是近代地球化学的一个重要分支学科，是在地球化学的传统分支学科——元素地球化学的基础上发展起来的（黎彤等，1990；H. R. Rollison，1993）。微量元素地球化学现已经成为近代元素地球化学发展最快、成果最丰富、最具活力的一门学科，微量元素已被广泛应用作为成岩成矿等地球化学作用的示踪剂（倪师军等，1999）。

近年来，利用方解石、石英等矿物流体包裹体的微量元素，特别是稀土元素地球化学研究进行成矿流体示踪也取得了重要进展。Zhong 等（1995）的研究表明，REE 通过与 Ca^{2+} 发生置换进入方解石晶体，除了晶体溶解之外，其他过程不可能破坏方解石稀土配分这个地质记录密码。因此方解石的稀土元素地球化学特征可以代表成矿流体的稀土元素地球化学特征，其变化规律可提供成矿流体的来源及演化等方面的重要信息。本书通过对大新铀矿床方解石、矿石及围岩的微量元素、稀土元素的地球化学特征进行对比研究，以其为成矿流体的来源及演化提供重要信息。

前人对广西大新铀矿床做过一些研究，矿区 U 和 Mo 共生，主要富集于黑色岩系、硅化带附近以及破碎带中，有的地方甚至 Mo 高于 U，As 在黏土中含量较高，Mo、Ni、V、As、Sb、Cu、Co 与 U 成不同程度的正相关。

由相关数据可作出方解石微量元素富集系数图（图 5-33、图 5-34、图 5-35）。

U 含量较高一组（图 5-33）与 U 含量较低一组（图 5-34）的微量元素富集规律基本一致，但稍有不同，U 含量较高的一组特别富集 U、Cd、Cs，亏损 Cr、Co、Mo。U 含量较低的一组特别富集 Th、Zr、Cd，亏损 Cr、Co、Mo 等。从方解石微量元素平均值富集系数图（图 5-35）可以看出，方解石富集 U、Pb、Cd，亏损 Cr、Ni、Co。从这三张图中可知，方解石脉中典型的地幔元素都不富集。

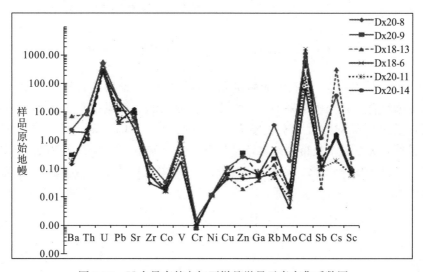

图 5-33　U 含量高的方解石样品微量元素富集系数图

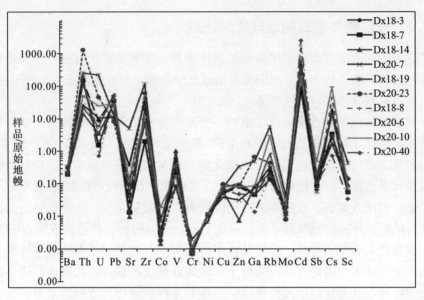

图 5-34　U 含量低的方解石样品微量元素富集系数图

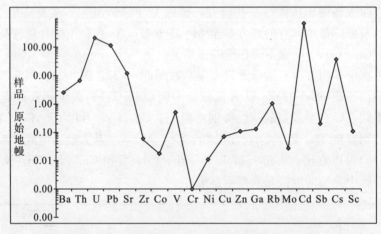

图 5-35　方解石样品微量元素平均值富集系数图

　　用 SPSS 统计软件对方解石脉的微量元素数据进行 R 型聚类分析可找出与铀关系密切的微量元素组合，其分析结果如图 5-36 所示。从方解石微量元素 R 型聚类谱系图可以看出，与 U 聚成一类的微量元素主要是 Cr，其次为 Co、Cs、Sb、Cd、Zr、Mo 等。可以看出，虽然相关系数不是特别高，还是具有一些同源性，由于 Zr 是岩浆作用中高场强元素，Co 是典型的地幔元素，U 与这些元素密切的事实反映了形成方解石的成矿流体有少许深部来源。

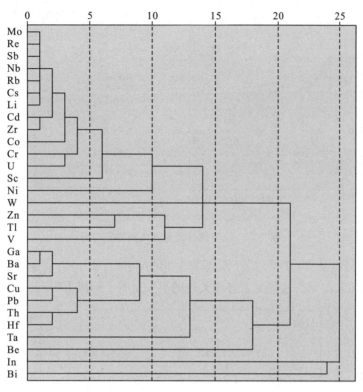

图 5-36　方解石脉微量元素 R 型聚类谱系图

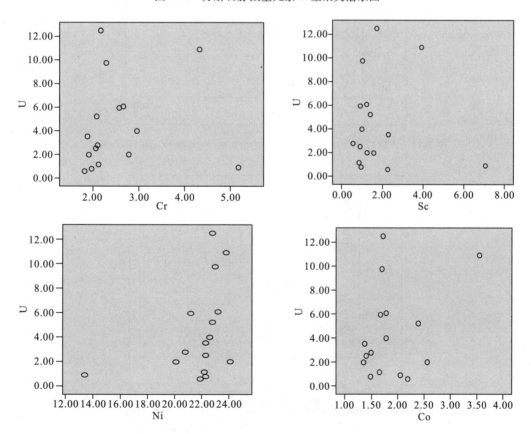

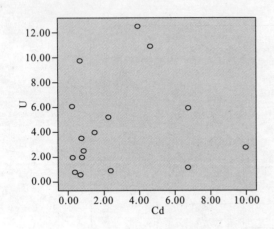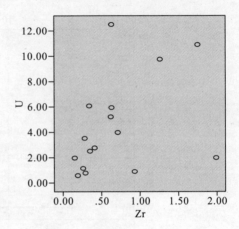

图 5-37　U 与部分微量元素相关关系图

从图 5-37 可以看出，U 与 Cr、Zr 呈显著相关。由于 Zr 是岩浆作用高场强元素，Cr 是典型的地幔元素，U 与这些元素有相关性的事实反映了形成方解石的流体有深部来源。

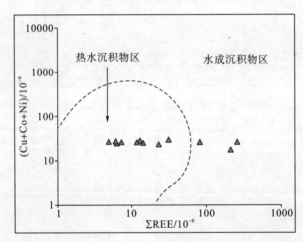

图 5-38　方解石 $\sum$REE-Cu+Co+Ni 关系图（底图据 Bonatti 等，1976）

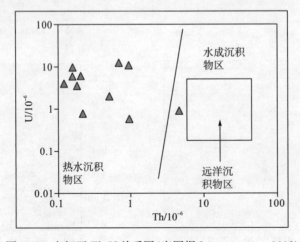

图 5-39　方解石 Th-U 关系图（底图据 Lottermoser，1992）

　　在图 5-38 和图 5-39 中，绝大多数的方解石落入热水沉积物的范围，少数位于正常水成沉积物区域，但靠近热水沉积物区域，反映出方解石为热液作用下形成的，与成矿有关；处于正常沉积区的方解石是后期受大气降水形成。

　　2. 方解石脉稀土元素特征

　　稀土元素(REE)具有相似的原子结构和相近的离子半径，因此具有相似的物理化学性质，它们在自然界中密切共生。稀土元素具有一些特殊的地球化学性质，比如化学性质稳定，均一化程度高，不易受编制作用影响，一旦在地质体中被"记录"下来，就很容易保存下来。当地球化学条件发生变化而引起稀土元素变化时，它们往往作为一个整体进行运移，所以稀土元素是一种很好的示踪剂(赵振华，1997)。

　　目前稀土元素地球化学已经成为成矿、成岩研究中的重要手段，它不仅可反映矿质和流体来源，而且可示踪流体活动踪迹和成岩、成矿作用(毕献武等，1998；倪师军等，1998，1999)。近年来，利用矿床中热液矿物的 REE 地球化学在示踪成矿流体来源与演化方面得到了广泛应用(Lottermoser，1992；Whitney et al.，1998；Monecke et al.，2000；陈友良，2008)。

　　通过方解石脉的稀土元素的化学分析，利用其组成分布模式、配分形式、特征参数等变化特点，可查明方解石的成因及差异，从而提供某些深部流体来源信息。稀土元素总量 $\sum$REE 反映地质体的初始含量，矿液的演化；LREE/HREE、Ce/Yb、La/Yb 变化表示成岩成矿过程中轻重稀土元素的分异程度，La/Sm、Gd/Yb 则反映轻、重稀土元素本身的分异；Sm/Nd 一般用以判断成岩成矿物质来源；δEu 可用于指示地质作用的物理化学环境。

　　由相关数据可作出方解石稀土元素配分模式图(图 5-40、图 5-41、图 5-42)。

　　矿物中的稀土元素的配分是受多种因素控制的，主要有矿物的结晶构造、矿物的化学成分、矿物的离子组合及电价平衡、矿物的成因及共生组合。同一矿物当其成因不同时，稀土的配分也往往不同。因此，方解石的稀土元素配分不同，有可能是其成因不同，与成矿有关的和与成矿无关的方解石的稀土配分是肯定不同。

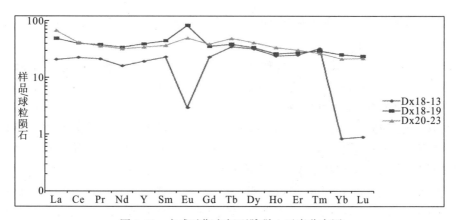

图 5-40　主成矿期方解石脉稀土元素分布图

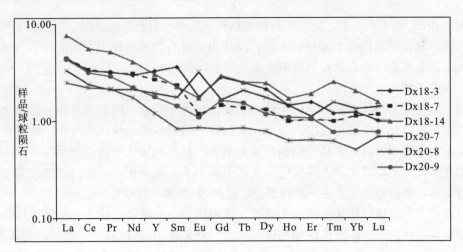

图 5-41　成矿前期方解石脉稀土元素分布图

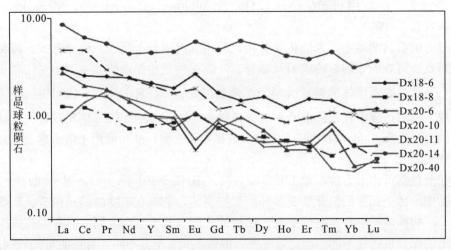

图 5-42　成矿晚期方解石脉稀土元素分布图

稀土元素地球化学特征如下所述。

(1)稀土元素总量。方解石脉体中的 $\sum REE$ 为 $5.04\times10^{-6}\sim258\times10^{-6}$，一般高于 10×10^{-6}，平均值为 44.9×10^{-6}。

(2)LREE/HREE 在一定程度上反映重轻稀土的分异程度，方解石脉中的 LREE/HREE 为 $0.67\sim2.28$，大多为 $1\sim2$，平均值为 1.3，略大于地幔($1.13\sim1.14$)比值(韩吟文等，2003)，这说明可能有深部来源流体参与。

(3)轻稀土之间的分异程度。$(La/Sm)_N$ 反映了轻稀土之间的分异程度，该比值越大，表明轻稀土分异越强。从表 5-2 可以看出，$(La/Sm)_N$ 最大值为 3.11，最小值为 0.7，平均值为 1.76，其值是很小的，说明轻稀土之间分异很低。

(4)重稀土之间的分异程度。$(Gd/Yb)_N$ 反映了重稀土之间的分异程度，该比值越大，表明重稀土分异越强。从表 5-3 可以得知，$(Gd/Yb)_N$ 最大值为 26.81，最小值为 1.15，平均值为 4.49，说明重稀土之间分异中等。

表 5-3 方解石脉 REE 特征参数表

样品编号	$\sum$REE /($\times10^{-6}$)	LREE /($\times10^{-6}$)	HREE /($\times10^{-6}$)	LREE/ HREE	δEu	δCe	$(La/Yb)_N$	$(La/Sm)_N$	$(Ce/Yb)_N$	$(Gd/Yb)_N$
Dx18-3	14.53	8.25	6.28	1.31	0.54	0.82	22.08	0.78	23.50	26.81
Dx18-7	13.20	8.08	5.12	1.58	0.61	0.83	3.37	2.96	2.41	1.42
Dx18-14	23.47	12.32	11.15	1.10	0.66	0.82	1.72	0.96	1.38	1.37
Dx20-7	11.78	5.97	5.81	1.03	1.85	0.83	3.22	1.07	2.37	2.28
Dx20-8	7.64	4.81	2.83	1.70	1.02	0.89	2.41	1.38	1.99	1.50
Dx20-9	11.96	6.97	4.99	1.40	0.71	0.82	3.56	1.66	2.65	1.29
Dx18-13	82.49	48.65	33.83	1.44	0.13	1.00	2.21	1.27	2.12	1.49
Dx18-19	211.6	101.4	110.2	0.92	2.04	0.87	4.04	2.34	3.96	1.15
Dx20-23	258.6	103.4	155.2	0.67	1.30	0.76	3.11	1.54	2.91	1.74
Dx18-6	12.55	6.59	5.96	1.11	1.45	0.86	2.44	1.64	1.77	1.49
Dx18-8	5.04	2.73	2.31	1.18	1.27	1.01	2.82	1.59	1.70	1.80
Dx20-6	7.35	4.69	2.66	1.77	1.40	0.83	2.89	0.70	4.33	3.29
Dx20-10	13.18	9.16	4.02	2.28	1.30	1.15	7.76	3.11	5.65	2.40
Dx20-11	6.20	3.59	2.61	1.38	0.50	0.93	2.24	1.63	1.58	1.24
Dx20-14	32.34	14.77	17.57	0.84	1.23	0.85	4.40	2.61	3.84	1.61
Dx20-40	6.42	3.44	2.98	1.15	0.56	0.95	4.96	2.64	3.53	2.06
最大值	258.6	103.4	155.2	2.28	2.04	1.15	22.08	3.11	23.50	26.81
最小值	5.04	2.73	2.31	0.67	0.13	0.76	1.72	0.70	1.38	1.15
平均值	54.56	25.06	29.50	1.32	1.04	0.90	5.39	1.76	5.03	4.49

(5)δCe 与 δEu 异常。从图 5-43(b)可以看出，Ce 轻微负异常；Eu 既发生了正异常，又发生了负异常。一般稀土元素多呈+3 价状态，但 Eu 特殊，有 Eu^{3+} 和 Eu^{2+} 两个价态。Eu^{3+} 与其他稀土元素性质相似，而 Eu^{2+} 的性质则不同，因而易与其他三价元素发生分离，出现异常行为。出现 Eu 的亏损，说明 Eu 可能主要以 Eu^{2+} 形式存在，其地球化学性质十分活泼，并没有与其他稀土元素一起进入方解石中沉淀下来，而是仍继续溶解于流体中。Eu 一般在氧逸度较低条件下，才由+3 价转变为+2 价。因此，方解石中 Eu 的亏损暗示了相对还原的成矿环境，特别是 Dx18-13 样品 Eu 严重负异常，而且 U 含量特别高，它有可能代表了 U 的成矿环境。而且对于铈异常，情况较为复杂，如由成矿成岩时有高温热液参与，铈富集，在氧化条件下方解石可以继承铈正异常，但在还原条件，由于不易与三价稀土离子共沉淀，使方解石产生了铈负异常。因此，方解石可能是在还原条件下形成的。

发生 Eu 负异常有两种情况：一是原始流体具有 Eu 亏损；二是成岩成矿后期的流体淋滤作用导致的(丁振举，2003)。发生 Eu 正异常有以下几个因素：一是成岩时有高温流体参与，继承了流体富 Eu 特征，二是成岩之后某种作用引起的 Eu 相对富集，因为在通常情况下 Eu 与其他稀土元素均为三价元素，作为一个整体参与地质地球化学过程，不易引起 Eu 与相邻元素的分异而产生明显的正异常。然而，只有在有热液流体组分的加入，并且有对流混合作用产生，才能导致 Eu 正异常和 Ce 负异常同时发生。因此，成矿流体可能是多种混合来源。

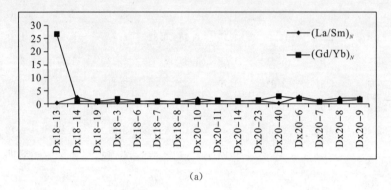

(a)

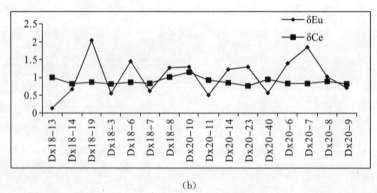

(b)

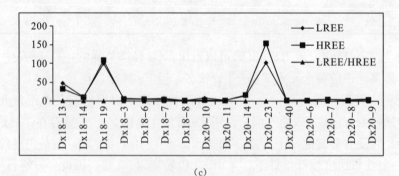

(c)

图 5-43　REE 特征参数变化图

　　为确定稀土元素的来源，将分析相关数据结果投在 Alloger 的 La/Yb-$\sum$REE 图解（图 5-44）和 kunzendof 的 La/Yb-Ce/La 图解（刘家军等，1993）（图 5-45）上，从图 5-44 中可看出，大多方解石都落在沉积岩区，少数落在了碱性玄武岩区，而方解石多数投于沉积岩区，属于海相碳酸盐岩区；从图 5-45 可以看出，大部分方解石落在了重合区域，即可能有多种来源。可以判断，大新铀矿床破碎带铀矿形成时期存在热水活动，即铀矿是大气降水沉积、地下水与深部热液混合的产物。

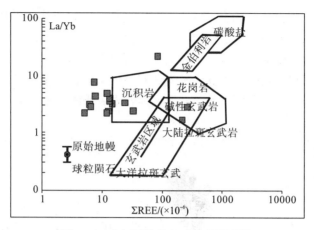

图 5-44　方解石脉的 La/Yb-REE 图解

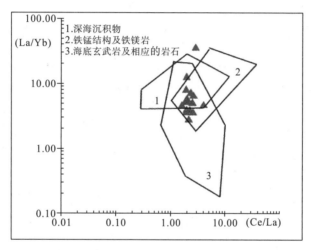

图 5-45　方解石脉 La/Yb—Ce/La(底图据刘家军等，1993)

3.方解石脉碳氧同位素地球化学特征

热液成矿流体中碳一般有以下三种来源：岩浆或地幔来源的碳、沉积碳酸盐岩的碳以及有机质中的碳；也有研究表明，$\delta^{13}C_{PDB}$ 在$-9‰\sim-3‰$最能代表地幔等原始岩浆碳同位素组成，沉积碳酸盐岩的$\delta^{13}C_{PDB}$ 为 0‰左右，有机碳的$\delta^{13}C_{PDB}$ 为$-25‰$(G. Faure et al，1986)。热液矿床成矿流体中的碳有三种可能来源：岩浆或地幔来源的碳、沉积碳酸盐的碳和有机碳；而且岩浆和地幔的$\delta^{13}C$ 通常被认为是一致的(Taylor et al.，1986)。从投图可以看出(图 4-47)，矿床围岩样品的碳氧同位素投点则全部位于海相碳酸盐岩区域内；大新铀矿床矿石样品的碳氧同位素投点位于海相沉积碳酸盐岩区域和以岩浆为代表的深部流体区域之间，但较靠近海相碳酸盐岩区域，说明大新铀矿床矿石的方解石主要来源沉积的海相碳酸盐岩，后期该地区岩浆活动对矿床的成因是有影响的。我们在大新矿床的外围的泥盆系发现了少量出露的辉绿岩脉，说明矿床下面曾有过岩浆活动，但可能太深度，而矿床离地表很浅，岩浆对其影响是不很明显。而且，碳同位素是示踪成矿流体中 CO_2 来源的有效方法。由于大新铀矿床矿床中矿物共生组合简单，没有广泛发育其他碳酸盐类脉石矿物，因此可使方解石的 $\delta^{13}C$ 近似代表成矿流体中的碳同位素组成（H. Ohmoto et al, 1977）。从图 5-50 可以看出，在分析的 20 个方解石样品中，大部分样品的碳同位素值投在沉积碳酸盐范围内，但有 4 个样品的碳同位素值在投在地幔碳的范围之内，因此，我们可以断定方解石脉成矿流体有地幔来源。从图 4-48 也可以看出，碳同位素主要有两种来源：一是沉积碳酸盐岩，二是岩浆源或深部源。

4. 方解石与围岩、矿石地球化学特征对比

为了能更准确地查明成矿流体来源，将矿石样品、围岩样品、方解石样品微量元素及稀土元素作比较。

1）稀土元素

矿石和围岩出现 Eu 负异常，出现 Eu 负异常可能有两种情况：一种是在矿石沉淀时从成矿热液中继承了相对亏损 Eu 的特征；另一种是在矿石形成后，后续的变质变形或流体作用导致了 Eu 与相邻稀土元素的分异。由于稀土元素具有非常接近的地球化学行为，在地质地球化学过程中常作为一个整体出现，故后期的变质变形作用很难使岩（矿）石的稀土配分模式发生明显改变。流体对岩石或矿石的淋滤虽然可以导致其稀土配分模式发生一定改变，但一般来说，离子半径较大的轻稀土元素相对重稀土而言，应当更容易被流体带出岩石，使围岩石的稀土配分模式向着 LREE 相对亏损的方向发展，而不可能出现现有围岩显示的 LREE 富集特征。因此可以得知，围岩形成时从成矿热液中继承了相对亏损 Eu 的特征。

围岩的稀土元素配分模式图都是呈现右倾的，然而矿石稀土元素配分模式呈现左倾，轻稀土元素明显呈亏损特征，这有可能是矿石形成后后续的流体作用导致，这说明成矿流体是多种混合来源。

方解石的球粒陨石标准化的配分模式与围岩的有点相似，这种稀土配分型式的广泛相似性暗示了一种相似的成因机制（Gu et al.，2001），这说明形成方解石时成矿流体有来源于围岩的。但是方解石与围岩之间在稀土元素总量、特征参数和配分型式上的差异，可能是多种过程耦合作用的结果，包括热液叠加混合程度、温度和氧化－还原条件的改变、沉积物与热液的保存时间、形成时的构造环境等。

方解石与矿石的球粒陨石标准化的配分模式则相差特别大，尤其是方解石的稀土配分模式呈右倾，而矿石的配分模式则是左倾，明显表现为 LREE 亏损和 HREE 相对富集的特征。从方解石和矿石的稀土元素配分模式图看，稀土元素总量比较接近，都具有明显的 Eu 负异常。矿石重稀土明显富集，这有可能是成矿时有多种富重稀土元素的流体叠加导致矿石稀土元素配分模式明显左倾，矿石三个样品的稀土元素配分模式极其相似，说明矿石的来源一致。方解石与矿石稀土元素对比，可能是由于方解石脉只有部分成矿流体有关，而矿石则是由许多成矿热液叠加的多种混合来源。

在低温热液体系中，重稀土元素和铀有明显相关，铀的沉积伴随着重稀土元素的明显富集，Tb、Dy 尤为富集，表明碳酸根离子是铀迁移的唯一重要的阴离子，轻稀土元素强烈亏损（赵振华，1997）。从矿石的的微量元素配分模式图可以看出与这一结论相吻合，说明成矿时有低温热液参与。而且从矿区的岩性可知，只有方解石是含碳酸根离子的，因此，矿区内方解石脉与铀成矿具有密切的关系。

2)微量元素

围岩相对富集 U、Pb、Cs、Rb，亏损的有 Co、Ni、Cr。从表 4-17 看出矿石相对富集 U、Cd、Cs、Pb，亏损有 Cr。矿石与围岩相对富集元素几乎一样，而矿石特别亏损的元素明显减少，特别是典型的地幔元素很少亏损，这说明矿石形成富有地幔元素，有可能有深部流体的参与。

方解石与矿石、围岩相比较：矿石微量元素 U、Ni、Mo、Cd、Re、Tl 含量增加得最为明显，达数十甚至数百倍。这些元素属于矿化热液活动元素，其元素组合反映了成矿流体的特征，而且 U 与 Mo 具有同源性。矿石样品中主要成矿元素 U 以及 Li、Be、Co、Ni、Cu、Zn、Y、Mo、Cd、Re、Pb 的变异系数均大于 1。一般说来，越靠近矿体，成矿元素的分布越不均匀、成矿元素组合越复杂、变异系数越大。与围岩、方解石相比，矿石中 Li、Be、Co、Ni、Cu、Zn、Cd 的变异系数变大，说明这些元素可能与铀成矿关系密切，而且 Co、Ni 都是典型的地幔元素。从这些对比可以看出，形成矿石的肯定有热液活动参与，而且有深部流体迹象，但是方解石和围岩则没有明显的深部热液活动迹象。

5.2.3　小结

①方解石脉地球化学特征揭示成矿流体是混合来源，包括深部来源，方解石微量元素与 U 聚成一类的微量元素主要是 Cr，其次为 Co、Cs、Sb、Cd、Zr、Mo 等，Zr 是岩浆作用中高场强元素，Cr、Co 是典型的地幔元素，反映了形成方解石的成矿流体有深部来源，而且方解石 $\delta^{13}C$ 有小于 $-3‰$ 的（$-9‰\sim-3‰$ 属于地幔碳），揭示了成矿流体有深部来源；②矿石样品中微量元素 U、Ni、Mo、Cd、Re、Tl 含量增加得最为明显，达数十甚至数百倍，这些元素属于矿化热液活动元素，其元素组合反映了成矿流体的特征，说明有流体参与，而且 Ni 是典型的地幔元素，说明有深部流体来源；③方解石、围岩、矿石地球化学特征对比得出，成矿流体是多种混合来源，既有围岩来源，也有深部热液来源。

5.3　热源——兼论中基性岩脉及其与成矿的关系

5.3.1　中基性岩脉的地质特征

1.样品采集

研究区中基性岩脉的出露位置如图 5-46 所示。本书总共采集了四个样品，其样品编号分别为 Dx01、Dx02-4、Dx02-5、Dx03。

Dx01 号样品采于大新县—天等县公路沿线全茗乡附近，该处岩脉总体呈北西向串珠状分布，沿线约有 5 处出露位置。每个岩脉长约 20～30 m，宽约 10～15 m。辉绿岩已经完全风化，呈紫褐色、砂状，土壤中可见风化略弱的岩石残块，部分可呈现辉绿岩的原始结构。该点辉绿岩侵入于泥盆系唐家湾组。Dx02-4、Dx02-5 样品的采样位置位于普井屯一带。辉绿岩脉整体呈北西沿断裂分布，其宽度约 15～20 m，长度断续出露约 1 km，Dx02-4、Dx02-5 样品采于辉绿岩脉的北端，Dx03 样品采于辉绿岩脉南端，普井屯村桥下。

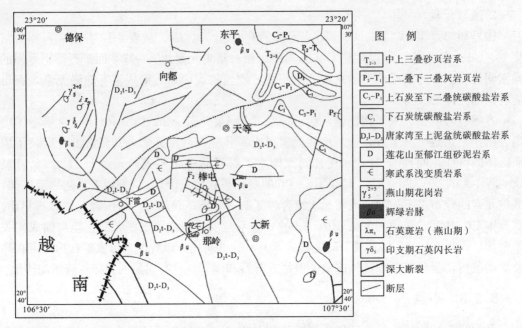

图 5-46　辉绿岩采样位置示意图

2. 中基性岩地质特征

Dx01 号采样点地表未见基岩出露，呈北西—南东向以脉状产出，辉绿岩已经完全风化，呈紫褐色、砂状，土壤中可见风化略弱的岩石残块，部分可呈现辉绿岩的原始结构，由于未采集到新鲜岩石，故未做岩矿鉴定，该采样点的辉绿岩侵入于泥盆系唐家湾组。

Dx02-4、Dx02-5 样品采于普井屯矿区的西侧，辉绿岩脉的北端，矿化蚀变现象明显，采样点出露大量的硅质脉和细粒黄铁矿，样品可见黄铁矿化、硅化、高岭石化，辉绿岩本身具有矿化显示，后期改造明显，已不具有辉绿岩的结构特征，应为中性岩脉。且由于后期改造，其硅质含量显著提高，从结果来看，已完全不是辉绿岩的组分。但从区域上来看，其应该是中性岩脉改造之后的产物。

Dx02-4 样品肉眼观察呈灰白色，块状构造，镜下鉴定(附图 18)：蚀变残余结构、斑状变晶结构(基质是隐晶质-显微鳞片变晶结构)：变斑晶为粒度 0.1~1 mm 的石英，不规则它形粒状，呈单晶或多晶出现，其中常包裹金红石及少量黏土矿物尘点。单偏光镜下观察，部分石英集合体呈长石假像状，部分被黏土矿物交代呈残余状，具蚀变残余结构。基质由粒度小于 0.004 mm 的隐晶质-显微鳞片状黏土矿物组成。泥晶状金红石(或锐钛矿)的集合体稀疏浸染状分布其中(原岩可能是中性浅成岩)，其矿物成分包含有黏土矿物 50%~55%；石英：35%±；金红石：10%±。

Dx02-5 样品用肉眼观察仍然是灰白色，块状构造，其镜下鉴定结果(附图 18)：粉砂泥质结构：岩石由粒度 0.01~0.06 mm 的碎屑颗粒及粒度小于 0.004 mm 的隐晶质-显微鳞片状的泥质组成。碎屑颗粒有石英、长石及少量云母碎片；石英和长石多数有次生加大或重结晶现象，边缘模糊。含量约 30%±，黏土矿物呈隐晶质-显微鳞片状，杂乱排列。其矿物成分包含有泥质 70%±；石英、长石：25%~30%；金红石：1%±；电气石：少；云母：少。

　　Dx03 号采样点位于普井屯辉绿岩南端，井屯村桥的下面，基性岩比较新鲜，可见三组比较发育的节理，并且其侵入特征十分清晰，采样点处出露宽度约 10 m，基本未风化，未见蚀变，肉眼观察岩石呈灰绿色，块状构造。镜下鉴定结果(附图 19)：变余辉长辉绿结构，岩石变质作用强烈，原岩矿物成分很少保留，现主要由隐晶质-显微鳞片状高岭石、绿泥石及少量绢云母、金属矿物等组成。其中隐晶质-显微鳞片状的高岭石、绢云母集合体呈粒度 0.3~1 mm 板条状，具长石假像，偶见长石残余其中，杂乱排列。绿泥石片状，染铁质显黄绿色，集合体呈柱粒状，具辉石假像；二者混杂分布，局部可见假象辉石充填在假像斜长石格架之间。金属矿物主要是褐铁矿，具磁铁矿假像状，稀疏浸染状分布于岩石中，构成变余辉长辉绿结构。岩石发育裂隙，被次生石英及高岭石充填。其矿物成分包含有高岭石：40%±；绢云母：5%±；蛇纹石：5%±；绿泥石：40%±；褐铁矿：10%±；石英：少。

　　基性斜长石经高岭石化蚀变为高岭石，辉石、黑云母经绿泥石化蚀变为绿泥石等，使得该区的辉绿岩特征有别于一般辉绿岩特征。

5.3.2　中基性岩脉的地球化学特征

　　对采集的中基性岩脉进行了常量元素(仪器 AB-104L，PW2404 X 射线荧光光谱仪)、微量元素及稀土元素分析(Finnigan Element Ⅱ 型电感耦合等离子体质谱(ICP-MS)测定)，分析测试在核工业北京地质研究院进行。

　　1. 主量元素特征

　　主量元素的分析结果如表 5-4 所示。

表 5-4　主量元素分析结果表　　　　　　单位：%

样品号	SiO_2	Al_2O_3	Fe_2O_3	MgO	CaO	Na_2O	K_2O	MnO	TiO_2	P_2O_5	烧失量	FeO
Dx01	47.21	12.92	22.23	5.1	0.48	0.028	0.099	0.126	2.94	0.09	8.79	1.25
Dx02-4	63.14	22.74	0.697	0.264	0.166	0.016	0.099	0.01	4.42	0.06	8.35	0.45
Dx02-5	78.68	13.3	0.998	0.18	0.121	0.06	0.187	0.005	0.608	0.03	5.77	0.35
Dx03	44.52	15.86	11.94	13.93	0.815	<0.10	0.279	0.032	3.2	0.272	9.29	6.2

　　如表 5-4 所示，Dx02-4、Dx02-5 的化学成分已与基性岩完全不同，这是由于改造蚀变严重所造成，为了讨论方便，将上述两个样品不列为辉绿岩，而最为蚀变岩讨论。特征如下所述。

　　(1)SiO_2 的含量变化较为明显，正常辉绿岩 Dx01、Dx03 的含量分别为 47.21% 和 44.52%，属于基性岩范围内，而蚀变中性岩 Dx02-4、Dx02-5 的 SiO_2 分别为 63.14% 和 78.68%，含量明显高于另外两个样品，也已经远远超出基性岩范围，根据野外特征及镜下鉴定，认为主要为中性岩脉经后期改造所成。

　　(2)正常辉绿岩的 Al_2O_3 含量较为接近。Fe_2O_3、MgO、CaO 及 FeO 均出现了含量在 Dx01 和 Dx03 远高于蚀变中性岩 Dx02-4 和 Dx02-5 的现象，这与 SiO_2 含量刚好相反，前后两者明显呈现出负相关。由此得出，随着硅化程度的增加，Fe_2O_3、MgO、CaO 及 FeO 的含量有减少的趋势。Fe_2O_3 与 FeO 的含量在所有样品中均表现为 Fe_2O_3 大于 FeO。

（3）Na₂O 及 K₂O 的含量相对较低，其碱质程度（Na₂O＋K₂O）较贫，K₂O 的含量高于 Na₂O，K₂O/Na₂O 较大。AR 变化范围较小，通过 SiO₂-AR 图（图 5-49）可知，该样品所代表的岩浆系列为钙碱性系列。

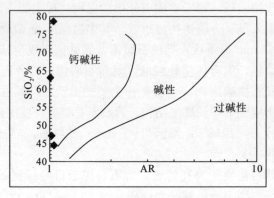

图 5-49　中基性岩 SiO₂-AR 图

2. 微量元素特征

岩石（矿石、矿物）中的微量元素是指质量分数低于 0.1％的元素。由于含量甚微，它们在地质作用过程中的地球化学行为通常受物理化学中的亨利（Henry）定律制约，而不参与岩石化学平衡反应，一般不受常量（主量）元素含量的约束和习性的影响，在一般的地质作用及岩浆分异作用过程中地球化学性质比较稳定。因此，岩石的微量元素地球化学特征往往很好地保存了有关成岩（或成矿）物质来源及形成时地质构造环境的信息，成为一种独特的地球化学"指纹"（H. R. Rollison，1993）。

微量元素的分析结果如表 5-5 所示。

表 5-5　研究区样品的微量元素含量表　　　　　　单位：×10⁻⁶

样品编号	Li	Be	Sc	V	Cr	Co	Ni	Cu	Zn	Ga
Dx01	50.4	4.08	25.7	299	514	94	502	201	212	28.3
Dx02-4	65.2	1.36	16.4	359	491	5.22	44	29.3	110	33.3
Dx02-5	37.2	0.563	5.73	90.2	57.4	1.15	5.81	7.43	14.5	16.9
Dx03	107	1.56	26.6	338	377	93.1	493	164	242	28.3

样品编号	Rb	Sr	Y	Nb	Mo	Cd	In	Sb	Cs	Ba
Dx01	6.78	10.1	18.4	19.2	2.61	0.265	0.08	24.3	8.01	59.2
Dx02-4	3.73	81.1	13.4	30.7	2.18	0.092	0.099	7.39	1.6	121
Dx02-5	8.6	37.7	12.2	14	2.59	未检出	0.042	10.2	1.36	79.7
Dx03	7.46	37	20.7	21.2	0.762	0.138	0.094	3.82	1.08	107

样品编号	Ta	W	Re	Tl	Pb	Bi	Th	U	Zr	Hf
Dx01	1.28	7.86	0.004	0.227	7.92	0.126	3.35	3.99	219	6.14
Dx02-4	2.26	2.81	0.008	0.247	14.5	0.18	3.57	3.73	352	9.72
Dx02-5	1.11	2.19	未检出	1.18	7.51	0.655	11.4	4.13	175	5.01
Dx03	1.46	1.54	0.003	0.166	3.4	0.065	3.75	24.3	244	6.55

　　本书对微量元素的分析测定了 30 个元素，为了能够更好地研究大新地区的微量元素特征，只选取了其中的 21 个元素进行原始地幔标准化。如图 5-55 所示，在大新中基性岩脉微量元素原始地幔标准化蛛网图中，所有样品具有相同的曲线走势，另外可以明显地看出，除了 Sr 含量（$10.1×10^{-6}$～$81.1×10^{-6}$）低于 MORB（$90×10^{-6}$，Sun et al，1989）外，其余元素的含量都高于 MORB。最为明显的两个元素是 U 和 Pb，U 元素所出现的明显峰值，可能与周围的大新铀矿床有关，在进行样品的采集时，已经距离大新铀矿区很远，但其含量仍然相对于 MORB 增多了上百倍至上千倍，据此对中基性岩脉中 U 含量增高有两种推测：①在岩浆从深部上移的过程中，可能遇到了含铀物质层，并且在经过的过程中，将部分铀物质熔融并运移到地壳的表面，随着温度的降低而保存在岩脉中；②形成该区岩脉的岩浆的岩浆房本身就含有铀，岩浆在上升侵入的过程中将岩浆房中的部分铀带入地表，同样在地壳表面随温度的降低而保存在岩脉中。不管是上述哪种成因，中基性岩脉中所含的铀均可以为大新铀矿床后期成矿提供铀源，最终形成现今的大新铀矿床。

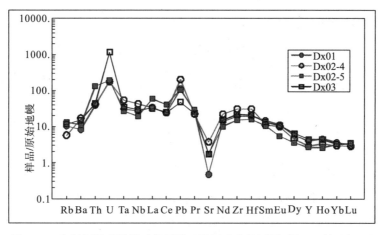

图 5-50　大新辉绿岩微量元素原始地幔标准化蛛网图（据 Sun 等，1989）

　　对蛛网图（图 5-50）进一步分析，图解的左侧相对富集，且具有两个峰值，经过 Sr 以后，右侧则出现了右倾趋势，在尾端渐趋平缓。大离子亲石元素除 Sr 具有明显亏损外，Rb、U、Th、Ba 等相对于 MORB 富集，U 最为明显；高场强元素 Ta、Nb、Zr、Hf 等均相对于 MORB 有所富集，而 HREE 元素中等亏损。

　　如图 5-51 所示，在进行大地构造环境判别时，首先采用了微量元素的 Zr/Y-Zr 构造环境判别图解，其结果不甚理想，但仍能够初步判断中基性岩脉的构造环境为板内玄武岩（WPB）。采用主量元素与微量元素结合的 TiO_2-Zr 构造环境判别图解，除 Dx02-5 投入火山弧玄武岩区域内，其余样品均投到板内玄武岩之内，表明研究区中基性岩形成于板内构造环境。

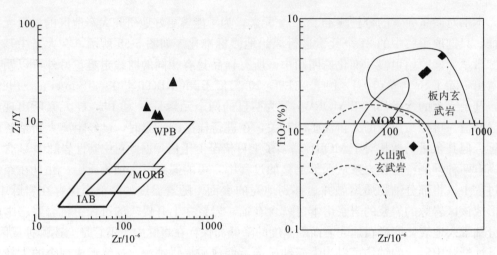

图 5-51　大地构造环境判别图解

（左图 Zr/Y-Zr 构造环境判别图解，右图 TiO₂-Zr 构造环境判别图解）

3. 稀土元素特征

稀土元素的分析结果如表 5-6 所示。

表 5-6　研究区样品的稀土元素含量表　　　　　　　　单位：×10^{-6}

样品编号	La	Ce	Pr	Nd	Sm	Eu	Gd	Tb	Dy	Ho	Er	Tm	Yb	Lu	$\sum$REE
Dx01	23.3	42.6	7.33	31.4	6.68	1.92	5.19	0.896	4.29	0.761	1.9	0.276	1.82	0.233	128
Dx02-4	23	43.7	6.3	25.9	5.09	1.71	3.68	0.643	3.42	0.553	1.55	0.252	1.49	0.214	117
Dx02-5	40.5	74.3	8.04	28.8	4.83	0.927	3.25	0.529	2.69	0.438	1.33	0.241	1.6	0.251	167
Dx03	22.5	44.6	6.42	27.9	6.04	1.82	5.68	0.99	4.83	0.733	2.03	0.286	1.67	0.258	125

　　大新地区中基性岩具有较高的稀土元素总量（$117×10^{-6}$～$167×10^{-6}$，平均为 $134×$ 10^{-6}），LREE/HREE 为 6.6～15.2，比值较大，说明轻稀土富集程度高于重稀土。稀土配分模式图（图 5-52）呈明显的右倾型。同样说明轻稀土相对于重稀土较富集。从图 5-52 中可以看出，除 Dx02-5 样品中 Eu 相对于其他的样品略微亏损外，总体上 Eu 未见明显的异常（δEu=0.67～1.19，平均为 0.92），反映出在岩浆演化过程中，斜长石的分离结晶作用并不明显。为了更明显地看出 Dx01、Dx02-4、Dx02-5 和 Dx03 样品间的关系，故将其拆分为图 5-52（b）和图 5-52（c）。从图 5-52（b）可以明显看出，Dx01 和 Dx03 的曲线近乎重合，表明二者可能具有相同的演化过程，其（La/Sm）$_N$ 为 2.17 和 2.4，（Gd/Yb）$_N$ 为 2.36 和 2.72，两个比值的变化范围很小，且十分相似，并且样品的稀土配分模式曲线基本一致，反映岩浆演化过程中样品之间的稀土元素分异程度相同。对于图 5-52（c）来说，δEu 可看出略微的异常，Dx02-4 的 δEu 为 1.19，略大于 1；而 Dx02-5 的 δEu 为 0.67 小于 1，表明在岩浆演化过程中，斜长石的分离结晶作用对于 Dx02-5 比较明显，其（La/Sm）$_N$ 分别为 5.37 和 3.07，（Gd/Yb）$_N$ 分别为 1.68 和 1.9，前者差异较大，后者较为接近，表明样品间的稀土元素分异程度有所差异。综合分析，从微量元素和稀土元素来看，四个样品的总体趋势是一致的，说明演化作用一致，造成 Dx01 和 Dx03 与 Dx02-4 和 Dx02-5 稀土配分模式差异的原因为：Dx02-4 和 Dx02-5 主要受后期流体改造。

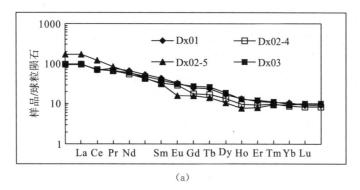

(a)

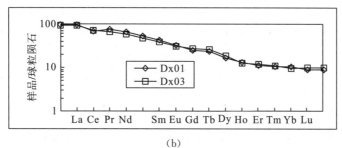

(b)

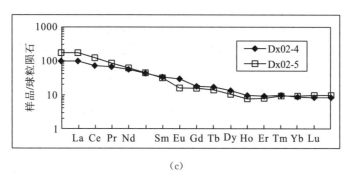

(c)

图 5-52　稀土元素球粒陨石标准化配分模式图

((a)、(b)、(c)分别为总图、Dx01 和 Dx03、Dx02-4 和 Dx02-5 的配分模式图)

5.3.3　中基性岩的年代学特征

本书研究过程中，对所采集的中基性岩样品进行了锆石 U-Pb 测年，分析测试是在中科院广州地球化学研究所 MC-ICP-MS 实验室完成的，锆石定年分析所用仪器为 Finnigan Neptune 型 MC-ICP-MS 及与之配套的 newwave UP 213 激光剥蚀系统。

1. 锆石的挑选过程

各处采集的样品约重 200kg，经粗碎、中碎、细碎和磨矿，将原样碎至锆石单体解离的粒度，然后采用重选、磁选方法富集锆石，再用多种方法精选提纯，最后在双目镜下挑出残留的少许杂质，最终获得纯度为 100% 的锆石单矿物供标型特征研究。锆石选样流程如图 5-53 所示。

首先将双面胶粘在玻璃片上，然后将锆石放置在双面胶上，最后就是用环氧树脂将锆石固定做成薄圆饼状。做成的样品靶用不同型号的砂纸和磨料将锆石磨去一半然后抛光。最后，为了做测试时方便起见，要对做好的样品靶锆石进行照像。

2.锆石的测试方法

LA-MC-ICP-MS 锆石 U-Pb 定年测试分析是在中科院广州地球化学研究所 MC-ICP-MS 实验室完成,锆石定年分析所用仪器为 Finnigan Neptune 型 MC-ICP-MS 及与之配套的 newwave UP 213 激光剥蚀系统。激光剥蚀所用斑束直径为 $25\mu m$,频率为 10Hz,能量密度约为 $2.5J/cm^2$,以 He 为载气。信号较小的 ^{207}Pb,^{206}Pb,$^{204}Pb(+^{204}Hg)$,^{202}Hg 用离子计数器(multi-ion-counters)接收,^{208}Pb,^{232}Th,^{238}U 信号用法拉第杯接收,实现了所有目标同位素信号的同时接收,并且不同质量数的峰基本上都是平坦的,进而可以获得高精度的数据。LA-MC-ICP-MS 激光剥蚀采样采用单点剥蚀的方式,数据分析前用锆石 GJ-1 进行调试仪器,使之达到最优状态,锆石 U-Pb 定年以锆石 GJ-1 为外标,U、Th 含量以锆石 M127(U:923 ug/g,Th:439 ug/g,Th/U:0.475;Nasdala et al.,2008)为外标进行校正。测试过程中在每测定 10 个样品前后重复测定两个锆石 GJ1 对样品进行校正,并测量一个锆石 Plesovice,观察仪器的状态以保证测试的精确度。数据处理采用中国地质大学刘勇胜编写的 ICP-MSDataCal 程序(Liu et al.,2010),测量过程中绝大多数分析点 $^{206}Pb/^{204}Pb>1000$,未进行普通铅校正,^{204}Pb 由离子计数器检测,^{204}Pb 含量异常高的分析点可能受包体等普通 Pb 的影响,对 ^{204}Pb 含量异常高的分析点在计算时剔除,锆石年龄谐和图用 Isoplot 3.0 程序(K.R.Ludwig,2001)进行分析和作图获得。详细测试过程可参考文献侯可军等(2009)。样品分析过程中,Plesovice 标样作为未知样品的分析结果为 $(337.11\pm0.21)Ma(n=28,2\sigma)$,对应的年龄推荐值为 $(337.13\pm0.37)Ma(2\sigma)$,两者在误差范围内完全一致。由于所测锆石的年龄基本小于 1000 Ma,选取 $^{206}Pb/^{238}U$ 年龄作为锆石的形成年龄。

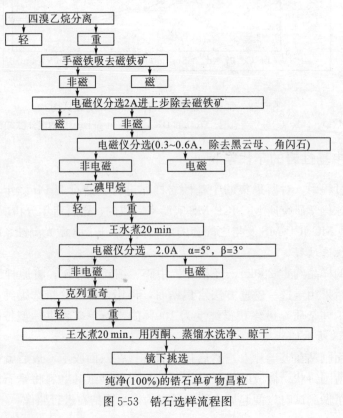

图 5-53 锆石选样流程图

3.样品中锆石的年龄结果

1)大新 Dx01 锆石特征及 LA-MC-ICP-MS 定年

本次对样品 Dx01 共完成 20 个测点的锆石年龄测定（表 5-7，图 5-54）。由图 5-54 可知，锆石颗粒较小，呈粒状和柱状两种形态，粒状即磨圆度较好的颗粒，其年龄大，代表的是继承性锆石的年龄，并不能代表岩体的真实年龄；而柱状即磨圆度差的颗粒，环带清晰，代表的是原生性锆石的年龄，即岩体的形成年龄。

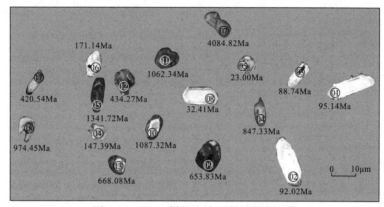

图 5-54　Dx01 样品中锆石阴极发光图像

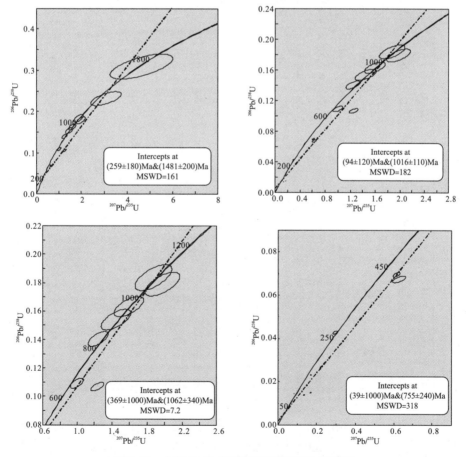

图 5-55　大新 Dx01 中辉绿岩锆石 U-Pb 谐和图

表 5-7 大新 Dx01 中辉绿岩中锆石的 LA-MC-ICP-MS U-Pb 年龄测定结果

测点	含量/(μg/g)			Th/U	比值/(Ratio±1σ)				误差相关系数	年龄 Age/(Ma±1σ)						和谐度
	Pb	^{232}Th	^{238}U		^{207}Pb/^{235}U		^{206}Pb/^{238}U			^{207}Pb/^{235}U		^{206}Pb/^{238}U		^{208}Pb/^{232}Th		
Dx01-1	6.88	281.56	350.67	0.803	0.1686	0.0146	0.0149	0.000495	0.3837	158.18	12.71	95.14	3.14	116.27	8.73	50%
Dx01-2	2.87	85.23	171.65	0.497	0.0841	0.0129	0.0144	0.000557	0.2533	82.03	12.05	92.02	3.54	91.85	13.07	88%
Dx01-3	5.34	251.47	270.58	0.929	0.1349	0.0161	0.0139	0.000458	0.2761	128.47	14.44	88.74	2.91	116.24	8.09	63%
Dx01-4	24.60	62.92	149.52	0.421	1.2426	0.0618	0.1405	0.002445	0.3502	820.07	27.97	847.33	13.82	749.32	36.69	96%
Dx01-5	2.95	291.05	684.50	0.425	0.0251	0.0041	0.0036	0.000171	0.2937	25.16	4.06	23.00	1.10	18.43	2.64	91%
Dx01-6	50.58	233.47	246.23	0.948	1.4462	0.0771	0.1540	0.003130	0.3816	908.31	31.99	923.27	17.49	794.79	31.91	98%
Dx01-7	237.31	89.80	107.96	0.832	54.7825	7.0514	0.8845	0.060573	0.5320	4083.32	129.04	4084.82	207.28	12832.54	1381.61	99%
Dx01-8	3.19	243.63	554.11	0.440	0.0403	0.0046	0.0050	0.000161	0.2817	40.12	4.47	32.41	1.03	26.42	3.45	78%
Dx01-9	178.84	1170.93	1448.61	0.808	1.2531	0.0397	0.1067	0.001857	0.5198	824.81	17.87	653.83	10.82	247.49	9.66	76%
Dx01-10	47.60	268.73	180.24	1.491	1.8723	0.0741	0.1837	0.003259	0.4484	1071.34	26.19	1087.32	17.75	968.90	36.25	98%
Dx01-11	78.96	206.88	372.15	0.556	1.9756	0.0659	0.1792	0.003080	0.5157	1107.20	22.48	1062.34	16.84	1020.09	31.23	95%
Dx01-12	86.00	666.19	992.10	0.671	0.6119	0.0205	0.0697	0.001012	0.4342	484.78	12.89	434.27	6.10	460.56	15.29	89%
Dx01-13	15.41	29.78	128.84	0.231	0.9972	0.0512	0.1092	0.002177	0.3885	702.40	26.03	668.08	12.65	609.62	37.26	94%
Dx01-14	13.11	181.05	500.82	0.362	0.1715	0.0108	0.0231	0.000417	0.2863	160.76	9.36	147.39	2.63	127.03	7.95	91%
Dx01-15	123.25	348.49	407.69	0.855	3.0834	0.1421	0.2314	0.004845	0.4544	1428.56	35.34	1341.72	25.36	1386.28	50.17	93%
Dx01-16	9.71	214.51	281.63	0.762	0.2249	0.0146	0.0269	0.000784	0.4486	205.99	12.10	171.14	4.92	176.68	9.33	81%
Dx01-17	30.20	75.83	405.19	0.187	0.6254	0.0365	0.0674	0.001559	0.3958	493.23	22.83	420.54	9.42	596.17	47.44	84%
Dx01-18	31.24	108.00	154.87	0.697	1.5925	0.0694	0.1632	0.002901	0.4081	967.26	27.18	974.45	16.08	985.30	39.95	99%
Dx01-19	28.54	33.71	78.65	0.429	4.6331	0.1954	0.3092	0.006429	0.4930	1755.25	35.23	1737.00	31.66	1819.84	94.36	98%
Dx01-20	7.02	80.75	138.35	0.584	0.2948	0.0277	0.0428	0.001175	0.2920	262.30	21.72	270.32	7.26	274.49	21.92	96%

由表 5-7 可知，大新研究区 Dx01 锆石 U 含量为 78.65 ug/g～1448.61 ug/g，Th/U 为 0.187～1.491，主要变化于 0.2～0.6。将获得的年龄数据投在 $^{207}Pb/^{235}U$ 与 $^{206}Pb/^{238}U$ 一致曲线图上(图 5-55)，几乎所有的点也都落在一致曲线附近，并显示 $^{206}Pb/^{238}U$ 年龄有一定的跨度，为 20 Ma～1400 Ma，这些所测数据分成 3 个集中区(图 5-55)。

第一个年龄集中区有 5 个年龄数据，885 Ma～809 Ma(该组还包括 Dx01-7 所测得 4084.82Ma)，测年时给出的 Th/U 为 0.420～1.50，由阴极发光图像(图 5-54)可以看出，这些测点的位置是具有岩浆生长环带的部位，应该代表核部岩浆成因锆石的岩浆结晶年龄，很可能是测点位于内部残留核而测出的继承性锆石的年龄，并不能代表岩体的真实年龄。

另外一个年龄集中区的年龄为 50 Ma～700 Ma，共 4 个年龄数据，这些测点数据有 1 个落在一致曲线上，另外 3 个则落在靠近一致曲线的下方，表明它们或多或少有 Pb 的丢失；其年龄可能为继承性锆石的年龄，并不能代表岩体的真实年龄。

第三个年龄集中区有 3 个数据，计算所得的加权平均年龄值为(91.6±8.3)Ma，可能代表了辉绿岩的成岩年龄。另外测点 Dx01-5、Dx01-8 年龄分别为 23.00Ma、32.41 Ma，可能为测试的原因，也可能代表另一期构造热事件，而该构造热事件有可能是区域铀矿化年龄。

2) 大新 Dx02-4 锆石特征及 LA-MC-ICP-MS 定年

本次对样品 Dx02-4 共完成 29 个测点的锆石年龄测定(表 5-8，图 5-56)，由锆石阴极发光图像(图 5-57)可以看出，Dx02-4 中的锆石颗粒形态如同 Dx01 一致，也是呈现出两种颗粒形态，即粒状和柱状。两者的区别在于样品 Dx02-4 的年龄相对于样品 Dx01 来说比较集中，年龄集中的这些测点颗粒形态多为柱状、磨圆度差，环带清晰，代表的是原生性锆石的年龄，即岩体的成岩年龄；其余测点年龄较大的代表是继承性锆石的年龄。年龄较为集中可能跟该样品经过了同一期的矿化有关。

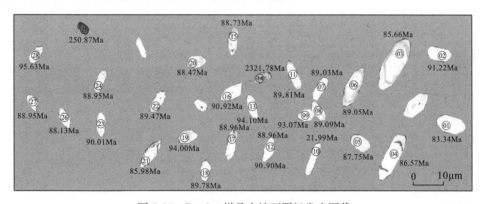

图 5-56 Dx02-4 样品中锆石阴极发光图像

由表 5-8 可以得知，25 个点的谐和年龄为(89.32±0.9)Ma(95％可信度)，其 MSND =1.10，较好代表了含矿化中性岩的成岩年龄。需要说明的是，Dx02-4-14、Dx02-4-25 等测点的年龄值分别为 2321.78 Ma 和 250.87 Ma，根据锆石阴极发光图像(图 5-56)和测试情况，很可能是测点位于内部残留核而测出的继承性锆石的年龄，并不能代表岩体的真实年龄。另外测点 Dx02-4-10 年龄分别为 21.99 Ma，可能为测试的原因，也可能代表另一期构造热事件，而该构造热事件有可能是岩体铀矿化年龄(图 5-57)。

表 5-8 大新 Dx02-4 中矿化岩石中锆石的 LA-MC-ICP-MS U-Pb 年龄测定结果

测点	含量/(μg/g)			Th/U	比值/(Ratio±1σ)				误差相关系数	年龄 Age/(Ma±1σ)						和谐度
	Pb	232Th	238U		207Pb/235U		206Pb/238U			207Pb/235U		206Pb/238U		208Pb/232Th		
Dx02-4-1	4.59	179.80	293.32	0.613	0.0901	0.0127	0.0130	0.000529	0.2876	87.63	11.87	83.34	3.37	88.57	7.12	94%
Dx02-4-2	4.60	147.79	277.55	0.532	0.0806	0.0390	0.0143	0.002187	0.3168	78.70	36.69	91.22	13.90	106.76	57.08	85%
Dx02-4-3	2.55	77.62	168.22	0.461	0.1081	0.0124	0.0134	0.000419	0.2723	104.25	11.40	85.66	2.67	108.42	7.95	80%
Dx02-4-4	3.68	119.32	234.33	0.509	0.1274	0.0190	0.0135	0.000644	0.3192	121.79	17.12	86.57	4.10	74.79	14.22	66%
Dx02-4-5	4.15	180.10	246.13	0.732	0.0921	0.0116	0.0137	0.000471	0.2738	89.47	10.75	87.75	3.00	77.17	8.80	98%
Dx02-4-6	2.79	84.72	171.46	0.494	0.0883	0.0122	0.0139	0.000466	0.2427	85.92	11.37	89.05	2.96	92.89	8.63	96%
Dx02-4-7	5.71	230.74	340.21	0.678	0.1086	0.0205	0.0139	0.000767	0.2928	104.68	18.74	89.03	4.88	103.16	18.53	83%
Dx02-4-8	3.84	797.80	861.28	0.926	0.0972	0.0230	0.0139	0.001076	0.3264	94.15	21.30	89.09	6.84	108.95	27.79	94%
Dx02-4-9	4.15	143.21	248.60	0.576	0.0795	0.0313	0.0145	0.001875	0.3277	77.63	29.41	93.07	11.91	110.73	49.53	81%
Dx02-4-10	5.53	297.96	310.17	0.961	0.0231	0.0075	0.0034	0.000348	0.3146	23.18	7.43	21.99	2.24	25.88	8.91	94%
Dx02-4-11	6.44	225.30	334.91	0.673	0.1749	0.0125	0.0140	0.000340	0.3394	163.63	10.80	89.81	2.16	136.19	7.40	41%
Dx02-4-12	2.99	92.30	167.50	0.551	0.1549	0.0117	0.0142	0.000392	0.3662	146.19	10.27	90.90	2.49	116.73	7.67	53%
Dx02-4-13	4.48	150.44	262.27	0.574	0.0974	0.0090	0.0147	0.000381	0.2816	94.41	8.30	94.10	2.42	103.40	5.23	99%
Dx02-4-14	205.24	253.14	372.76	0.679	9.4602	0.2565	0.4336	0.005096	0.4335	2383.69	24.90	2321.78	22.92	2175.67	70.69	97%
Dx02-4-15	4.11	155.05	252.82	0.613	0.0883	0.0082	0.0139	0.000329	0.2569	85.93	7.61	88.73	2.09	86.31	5.03	96%
Dx02-4-16	3.98	186.26	228.07	0.817	0.0831	0.0090	0.0142	0.000348	0.2250	81.01	8.47	90.92	2.21	82.76	4.96	88%
Dx02-4-17	4.72	204.94	286.80	0.715	0.0944	0.0066	0.0139	0.000309	0.3167	91.56	6.15	88.96	1.96	84.17	5.44	97%
Dx02-4-18	5.31	232.51	306.72	0.758	0.1124	0.0079	0.0140	0.000290	0.2945	108.12	7.20	89.78	1.84	86.12	4.94	81%
Dx02-4-19	3.70	133.25	203.57	0.655	0.1291	0.0110	0.0147	0.000359	0.2866	123.25	9.89	94.00	2.28	104.89	7.06	73%
Dx02-4-20	4.97	218.66	298.33	0.733	0.1057	0.0078	0.0138	0.000377	0.3697	102.06	7.17	88.47	2.40	74.79	4.99	85%
Dx02-4-21	2.94	111.01	185.34	0.599	0.1132	0.0104	0.0134	0.000427	0.3470	108.88	9.47	85.88	2.72	82.36	5.59	76%
DX02-4-22	6.43	306.80	374.25	0.820	0.0947	0.0068	0.0140	0.000343	0.3427	91.87	6.29	89.47	2.18	83.24	4.82	97%

测点	含量/(μg/g)				比值/(Ratio±1σ)			误差相关系数	年龄 Age/(Ma±1σ)						和谐度
	Pb	^{232}Th	^{238}U	Th/U	^{207}Pb/^{235}U		^{206}Pb/^{238}U		^{207}Pb/^{235}U		^{206}Pb/^{238}U		^{208}Pb/^{232}Th		
DX02-4-23	3.91	136.76	237.93	0.575	0.0868	0.0070	0.0141	0.000353	0.3089	84.51	6.58	90.01	2.24	87.60	5.75	93%
DX02-4-24	5.53	220.60	335.81	0.657	0.1007	0.0073	0.0139	0.000278	0.2758	97.41	6.75	88.95	1.77	84.86	5.80	90%
DX02-4-25	15.18	183.33	335.62	0.546	0.2825	0.0153	0.0397	0.000819	0.3817	252.63	12.09	250.87	5.08	247.93	12.54	99%
DX02-4-26	5.08	202.23	298.04	0.679	0.1351	0.0126	0.0138	0.000361	0.2811	128.65	11.27	88.13	2.29	101.57	8.38	62%
DX02-4-27	5.25	407.82	277.08	1.472	0.1195	0.0149	0.0136	0.000472	0.2784	114.63	13.51	87.09	3.00	97.97	10.05	72%
DX02-4-28	2.62	66.92	163.58	0.409	0.0943	0.0111	0.0149	0.000513	0.2920	91.51	10.30	95.63	3.26	84.80	9.36	95%
DX02-4-29	8.87	337.13	369.20	0.913	0.1280	0.0079	0.0185	0.000358	0.3132	122.31	7.12	118.12	2.27	130.63	7.76	96%

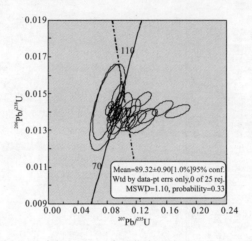

图 5-57　大新 DX02-4 中矿化岩石锆石 U-Pb 谐和图

3）大新 Dx03 锆石特征及 LA-MC-ICP-MS 定年

本次对样品 Dx03 共完成 19 个测点的锆石年龄测定（表 5-9，图 5-58），由锆石阴极图像（图 5-59）可以看出，锆石颗粒形态呈现出粒状和短柱状，另外年龄较大和年龄较小的颗粒相对于年龄在 90Ma 的颗粒磨圆度好，同样也是颗粒呈短柱状、磨圆度好及年龄大的锆石，其年龄代表的是锆石的继承性年龄，而磨圆度差、年龄小的锆石，其年龄代表的是锆石的原生性年龄。

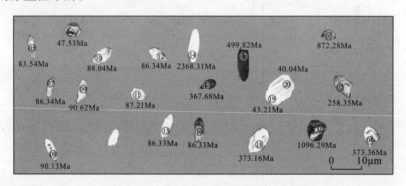

图 5-58　Dx03 样品中锆石阴极发光图像

由表 5-9 可知，大新研究区 Dx03 锆石 U 含量为 36.43~809.75 $\mu g/g$，Th/U 分别为 0.079~0.915，主要变化于 0.5~0.9。将获得的年龄数据投在 $^{207}Pb/^{235}U$ 与 $^{206}Pb/^{238}U$ 一致曲线图上（图 5-59），几乎所有的点也都落在一致曲线附近，并显示 $^{206}Pb/^{238}U$ 年龄有一定的跨度，为 45 Ma~2400 Ma，这些所测数据分成 3 个集中区（图 5-59）。

第一个年龄集中区有 3 个年龄数据，为 700 Ma~1500 Ma（该组还包括 Dx03-14 所测得 2368.31Ma），测年时给出的 Th/U 为 0.2~0.6，由阴极发光图像（图 5-58）可以看出，这些测点的位置是具有岩浆生长环带的部位，应该代表核部岩浆成因锆石的岩浆结晶年龄，很可能是测点位于内部残留核而测出的继承性锆石的年龄，并不能代表岩体的真实年龄。

另外一个年龄集中区的年龄的 300 Ma~440 Ma，共 5 个年龄数据，其 MSWD=1.7，计算所得的加权平均年龄值为（365±47）Ma，这些测点数据略偏向在靠近一致曲线的下方，表明它们或多或少有 Pb 的丢失。

表 5-9 大新 Dx03 中矿化岩石中锆石的 LA-MC-ICP-MS U-Pb 年龄测定结果

测点	含量/(μg/g)			Th/U	比值/(Ratio±1σ)				误差相关系数	年龄 Age/(Ma±1σ)						和谐度
	Pb	232Th	238U		207Pb/235U		206Pb/238U			207Pb/235U		206Pb/238U		208Pb/232Th		
Dx03-1	39.35	114.27	216.37	0.528	1.8838	0.1264	0.1449	0.002261	0.2326	1075.42	44.52	872.28	12.73	1087.28	66.83	79%
Dx03-2	12.10	89.11	279.84	0.318	0.2935	0.0219	0.0409	0.001050	0.3441	261.33	17.19	258.35	6.50	229.17	16.71	98%
Dx03-3	69.96	82.77	336.84	0.246	1.9361	0.0718	0.1854	0.002583	0.3757	1093.64	24.84	1096.29	14.05	1092.21	49.58	99%
Dx03-4	20.83	248.67	260.75	0.954	0.5301	0.0307	0.0596	0.001221	0.3536	431.85	20.37	373.36	7.43	362.07	17.56	85%
Dx03-5	4.22	164.43	252.32	0.652	0.1043	0.0163	0.0130	0.000469	0.2303	100.78	14.98	83.54	2.98	94.24	7.56	81%
Dx03-6	5.24	464.01	547.19	0.848	0.0479	0.0047	0.0074	0.000324	0.4411	47.47	4.60	47.53	2.07	48.44	3.77	99%
Dx03-7	6.85	343.32	375.09	0.915	0.1184	0.0107	0.0135	0.000388	0.3177	113.61	9.73	86.34	2.46	95.96	5.94	72%
Dx03-8	5.13	206.41	306.86	0.673	0.0979	0.0120	0.0141	0.000491	0.2853	94.80	11.06	90.13	3.12	84.70	6.23	94%
Dx03-10	4.67	200.80	282.23	0.711	0.1100	0.0124	0.0138	0.000445	0.2867	106.00	11.35	88.04	2.83	85.46	6.63	81%
Dx03-11	4.21	171.69	256.57	0.669	0.1193	0.0120	0.0136	0.000557	0.4047	114.45	10.93	87.21	3.54	88.25	6.36	72%
Dx03-12	4.89	208.36	292.41	0.713	0.1198	0.0121	0.0135	0.000416	0.3063	114.85	10.94	86.34	2.65	98.51	6.89	71%
Dx03-13	5.47	220.01	322.41	0.682	0.1117	0.0104	0.0135	0.000346	0.2755	107.55	9.52	86.33	2.20	93.65	5.96	78%
Dx03-14	21.09	22.04	36.43	0.605	10.3292	0.3808	0.4440	0.009927	0.6065	2464.72	34.14	2368.31	44.32	2540.49	119.88	96%
Dx03-15	36.97	46.07	585.21	0.079	0.5006	0.0256	0.0620	0.001974	0.6224	412.08	17.33	387.68	11.98	529.33	40.03	93%
Dx03-16	13.07	95.87	220.66	0.434	0.4162	0.0215	0.0510	0.001158	0.4384	353.33	15.45	320.81	7.10	307.16	17.63	90%
Dx03-17	61.80	311.17	809.75	0.384	0.6146	0.0279	0.0656	0.001136	0.3818	486.46	17.52	409.82	6.87	535.86	24.85	82%
Dx03-18	1.68	132.19	183.88	0.719	0.0656	0.0116	0.0067	0.000310	0.2621	64.54	11.01	43.21	1.99	55.98	5.43	60%
Dx03-19	9.80	78.14	131.17	0.596	0.4884	0.0411	0.0596	0.001480	0.2949	403.84	28.08	373.16	9.01	411.65	22.94	92%

　　第三个年龄集中区有 7 个数据，计算所得的加权平均年龄值为(86.7±1.8)Ma，其MSWD=0.58，较好代表了辉绿岩的成岩年龄。另外测点 Dx03-2 年龄为 258.35 Ma，可能为测试的原因，也可能代表另一期构造热事件；测点 Dx03-6、Dx03-18 年龄分别为47.53 Ma、43.21 Ma，可能代表另一期构造热事件，而该构造热事件有可能是区域铀矿化年龄。

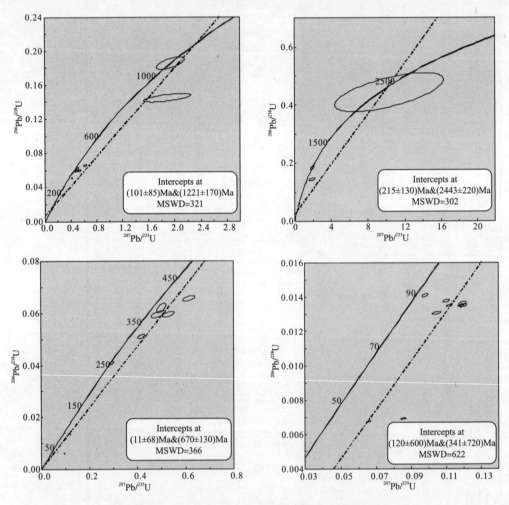

图 5-59　大新 Dx03 中矿化岩石锆石 U-Pb 谐和图

4）小结

　　成岩年龄是研究岩浆活动和构造演化的关键，对大新矿区中基性岩脉样品中所测年龄数据表明，地质历史上本区构造活动较强烈，所形成的锆石也较为复杂，如样品 Dx01中的锆石具有至少四个年龄值，部分锆石继承了之前的岩浆成因，部分年龄值异常偏大，原因可能是内部残留核而测出继承性锆石的年龄。尽管如此，通过综合分析，我们依然能够推测岩体的演化形成时间。由大新铀矿床中基岩锆石定年结果综合分析可以发现，中基岩对应的主成岩年龄分别为(91.6±8.3)Ma、(86.7±1.8)Ma、(89.32±0.9)Ma，即成岩年龄为 89 Ma 的燕山运动第四幕晚期，三个样品年龄在误差范围内一致。

　　本区中基岩脉形成于晚白垩纪早期，与华南地区广泛分布的中生代基性岩脉时代一致，这一时期正是太平洋板块向亚洲大陆俯冲十分强烈时期（曹豪杰等，2011；沈渭洲等，2006）；由前述的地球化学构造判别图指示其形成环境为板内环境（WPB），属于华南陆内伸展构造背景下与地幔柱有关的原始岩浆通过快速侵位而形成（徐夕生等，2005，2007）。

5.3.4　中基性岩脉与矿化关系

1. 中基性岩脉对成矿的作用

一般认为碳硅泥岩型铀矿床岩浆岩，特别是基性岩没有成因联系。同类型西秦岭地区若尔盖碳硅泥岩型铀矿与大新铀矿床的矿床地质特征很相似（倪师军等，2012），甚至二者的多成因观点也具有非常相似的发展变化规律，成因研究同样经历了"淋积型"、"热液型"到"与岩浆岩有关的复成因型"等多个阶段（张成江等，2010），特别是近年来研究表明形成了有深部流体参与成矿的新观点（张成江等，2010），认为铀源并不是来自于地层，而是来自于岩浆岩，提出了"来自包括幔源物质在内的深部流体"等学说（陈友良，2008），为国内碳硅泥岩型铀矿床的研究指明了新的研究思路。综合本次研究及国内外研究进展，本书认为，大新地区铀矿与中基性岩脉有着较密切的关系，中基性岩脉对 U 成矿主要表现在以下几个方面。

（1）中基性岩产出的断裂是区域成矿构造。从地质特征来看，大新地区辉绿岩产出于北西向断裂带中，由于受后期热流体改造作用影响，部分辉绿岩蚀变明显，说明在辉绿岩形成后有明显的热液作用及成矿作用。辉绿岩产状为线状岩脉，岩脉与两侧围岩的接触面多为断层面，部分近脉围岩明显破碎，岩脉明显为充填断裂而成。如上所述，形成辉绿岩的岩浆来源较深，断裂应为深断裂，是深部物质向上运移的通道。构造两侧围岩黄铁矿化相对较强，也是有成矿热液运移通过的表现。辉绿岩是一种相对致密的岩石，对成矿热液起屏蔽作用，有利于在辉绿岩脉上下盘围岩中成矿。同时本区断裂倾角较陡，当两侧围岩满足成矿条件时，成矿物质即在离岩脉不远的围岩中形成矿体，如普井屯矿体下盘不远即为辉绿岩脉，紧靠辉绿岩脉下盘围岩中也产出矿体。因此，辉绿岩脉是找矿的良好标志，这在普井屯一带尤为明显。

（2）中基性岩本身是矿源层。辉绿岩是火山活动晚期的岩浆侵入产物，岩浆活动晚期，岩浆已经分异演化，成矿物质集中在富矿岩浆中。本区辉绿岩的 U 背景值高（3.5×10^{-6}，是正常基性岩的 3 倍多），个别辉绿岩如 Dx03 中的 U 为 24.3×10^{-6}，显示出明显的 U 异常。另外，普遍具明显的星点状-粒状黄铁矿化，尤其是近期广西 305 核地质大队提供的深部钻探资料显示矿区深部仍然存在的黄铁矿化，表明辉绿岩有可能是这种富矿岩浆上侵形成，是 U 矿的矿源层。从前述地球化学特征来看，辉绿岩具有明显的板内玄武岩环境，大离子亲石元素除 Sr 具有明显亏损外，Rb、U、Th、Ba 等相对于 MORB 富集，其中 U、Pb 最为明显；高场强元素 Ta、Nb、Zr、Hf 等均相对于 MORB 有所富集，而 HREE 元素中等亏损。说明辉绿岩与该区的铀、铅等成矿作用有一定的关系；即可以推测形成该区辉绿岩脉的岩浆房本身就含有铀，伴随着地壳拉张、基性岩浆的侵入，岩浆在上升侵入的过程中将岩浆房中的部分铀带入地表，同样在地壳表面随温度的降低而保存在辉绿岩脉中。

（3）中基性岩的玄武质岩浆房的形成和岩浆上侵，为铀多金属成矿过程提供了热能，促进了围岩成矿物质活化运移，在有利地段成矿。本区的基底是寒武纪地层，它主要由一套浅变质的砂页岩组成，辉绿岩岩浆的活动，促进基底中的 U 活化，随岩浆迁移，在上覆的岩层中成矿。从年代学特征来看，辉绿岩的总体成岩年龄为 90 Ma 左右，也就是岩脉的结晶时间，形成于晚白垩世，由此可知该区基性岩脉的侵入时间早于 90 Ma。同时部分锆石测年结果还反映了辉绿岩形成后仍经受了多次热事件。可以推测，即使辉绿岩岩浆本身不含矿，在岩浆从深部上移的过程中，可能遇到了含铀物质层，并且在侵入过程中，将部分铀物质熔融并向上运移，使得其内所含有的铀物质再次富集，同时为铀矿化提供了物理化学条件的变化界面。

2. 铀成矿与成岩关系探讨

根据广西核工业 305 地质大队 1964 年的研究报告，大新铀矿床具多期成矿的特点，角砾岩中黄铁矿同位素年龄 140 Ma～120 Ma（侏罗—白垩纪），方解石 65 Ma（古近纪）；郁江组泥质粉砂岩中黄铁矿同位素年龄 380 Ma（泥盆纪），另外，沥青铀矿 U-Pb 年龄为 140 Ma、120 Ma、60 Ma 等（王清河，1988），即成矿年龄集中于 140 Ma～120 Ma 和 65 Ma、380 Ma 等 3 个年龄段（380 Ma 年龄反映了沉积成岩时间）。

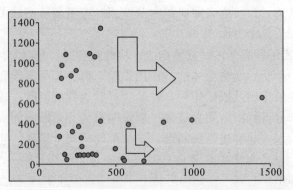

图 5-60   大新中基性岩脉锆石成岩年龄-铀含量关系图

注：横坐标为铀含量×10^{-6}，纵坐标为年龄值（Ma）。

根据前述测年结果，本区辉绿岩年龄为（86.9±2.2）Ma，与矿床各期成矿年龄均不一致；这种的不一致性引起笔者对辉绿岩成岩与铀矿成因的思考。野外考察发现，矿区中基性岩脉与矿床在空间分布上并没有非常明显一致性，那么辉绿岩与铀矿富集成矿是否存在物质联系和流体联系，是否是成矿物质的提供者，还是仅仅为成矿提供热动力？

事实上，辉绿岩中的不同年龄锆石对铀成矿具有一定的指示作用，辉绿岩中锆石年龄与铀矿成矿具有一定的联系。图 5-60 为大新铀矿区中基性岩脉成岩年龄-铀含量关系图，可以看出，大部分锆石中铀含量小于 500×10^{-6}，这些锆石可以被视为是铀含量正常的单粒锆石；而对于铀含量高异常的单粒锆石，可以发现具有一定的规律。铀含量异常高的值（大于 500×10^{-6}）主要集中在近 400 Ma，铀含量最高近 1000×10^{-6}，该组年龄与大新铀矿最早的成矿时间 380 Ma 是一致的；其次为 20 Ma～50Ma 的一组，铀含量为 600×10^{-6}～700×10^{-6}，即喜马拉雅早期，很可能代表另一期构造热事件，而该构造热事件有可能是岩体铀矿化年龄。另外，147 Ma 时 U 为 500×10^{-6} 的较高值。大新铀矿区沉积地层郁江组（$D_1 y$）、四排组（$D_1 l$）、那高岭组（$D_1 n$）是矿区的含矿地层，因此 400 Ma～380 Ma 年龄指示的是来自于泥盆系的继承性锆石年龄，二者的一致性指示了辉绿岩成岩过程中捕虏的 U 含量较高的物质成分，同时指示了辉绿岩成岩过程对矿源层中铀的活化所产生的重要作用以及成岩与成矿之间的热动力联系。

针对单颗粒锆石中 U 含量与区域铀富集事件，作者给出一种可能的解释：辉绿岩成岩过程是岩浆流体在地层中运移的过程，该过程对铀矿的成矿所起的作用势必留下相应的痕迹，这些证据的寻找对铀矿成矿理论的研究具有指示作用。这些证据中锆石所携带的信息由于锆石体系的封闭性和稳定性而保留下来。在本次研究中，单颗粒锆石所指示的铀含量应该是锆石形成时的含量，即可以指示锆石形成时环境的铀含量，也间接指示了对应时代的区域铀背景的高低。较高的铀背景可能间接指示了锆石对应时代形成的地质体(岩浆岩、地层等)的铀含量较高。因此单个锆石的铀含量及其反映出的时代应该具有指示铀成矿意义。值得一提的是，锆石分为岩浆锆石、重结晶锆石和变质增生锆石等(吴元保等，2004)，无论是何种成因联系，均是流体作用而成，与流体活动具有密切关系；那么，按照上述的解释，锆石铀含量对其环境中形成锆石的流体应该具有一定的指示作用。当然，这种指示作用可能仅具备参考意义，因为锆石的形成过程是复杂的，再加上捕获和后期改造作用，会使实际情况比较复杂。

综上所述，从前人研究成果和矿床特征，可以肯定，大新铀矿床的形成是与后期的热液流体密切相关的。此外，虽然前人认为矿区辉绿岩等中基性岩脉含矿性较差，与矿床的形成并无物质联系，但是本书认为，辉绿岩群和矿体在时间、空间分布上的紧密联系，暗示着矿床和辉绿岩之间很可能存在着紧密的热动力联系。本区辉绿岩虽然没有为矿床的形成直接提供物质来源，但是成岩流体在上升过程中，其蕴涵的大量热量促使区域变质作用的发生，促成了那高龄组—郁江组(D_1n-D_1y)等(矿源层)内成矿元素的进一步活化、富集，虽然并未形成成矿热液，但对铀的二次预富集(沉积期为首次预富集)，在有利部位形成赋矿层；这种多期成矿作用，即"沉积期首次预富集、岩浆岩再次预富集、后期热液叠加富集成矿"，可能是该类型矿床成矿作用的重要形式之一。由此可见，大新铀矿多期成矿的特点，包括再次预富集成矿过程中，代表深部构造过程的辉绿岩岩浆热事件对该区金属元素巨量堆积起到极其重要的成矿热动力作用；辉绿岩成岩作用所携带的巨大热量与沉积期铀矿首次预富集地层发生"助动-活化"的相互作用，为成矿元素的重新活化、迁移、富集提供了强大的热动力。因而，辉绿岩等中基性岩脉成岩对本区铀矿的成矿具有重要作用，对形成本区铀元素的富集成矿具有重要意义。

5.3.5 小结

从地质特征来看，大新地区中基性岩脉产出与北西向断裂带是张性作用下的产物。由于受后期热流体改造作用影响，部分岩脉蚀变明显，说明在中基性岩脉形成后有明显的热液作用及成矿作用。

从地球化学特征来看，辉绿岩具有明显的板内玄武岩环境，大离子亲石元素除 Sr 具有明显亏损外，Rb、U、Th、Ba 等相对于 MORB 富集，其中 U、Pb 最为明显；高场强元素 Ta、Nb、Zr、Hf 等均相对于 MORB 有所富集，而 HREE 元素中等亏损。说明辉绿岩与该的铀、铅等成矿作用有一定的关系。辉绿岩脉中 U 含量增高有两种推测：①在岩浆从深部上移的过程中，可能遇到了含铀物质层，并且在侵入过程中，将部分铀物质熔融并向上运移，随着温度的降低而保存在辉绿岩脉中；②形成该区辉绿岩脉的岩浆的岩浆房本身就含有铀，岩浆在上升侵入的过程中将岩浆房中的部分铀带入地表，同样在地壳表面随温度的降低而保存在辉绿岩脉中。

从年代学特征来看，辉绿岩的总体成岩年龄为 90 Ma 左右，也就是岩脉的结晶时间，形成于晚白垩世，由此可知该区基性岩脉的侵入时间早于 90 Ma，同时部分锆石测年结果还反映了辉绿岩行程后仍经受了多次热事件。大新地区铀矿化形成时间有两期，分别为 60 Ma 和 120 Ma。可见大新地区铀矿化与辉绿岩有重要的关系。

结合上述分析，推测在大新地区的两期铀矿化的形成与中基性岩脉的侵入有关。早期矿化(形成于 120 Ma 之前)可能是伴随着地壳拉张、中基性岩浆的侵入而形成，晚期矿化(形成于 60 Ma 左右)可能为已经固结成岩的辉绿岩等中基性岩脉经历了喜山早期构造热事件，使得其内所含有的铀物质再次富集，同时为铀矿化提供了物理化学条件的变化界面。

5.4　有机质与铀成矿关系

对有机质与铀的关系前人曾做过很多研究，但大多是基于砂岩型铀矿床，矿体赋存层位多属于中—新生代，很少有人做过碳硅泥岩型铀矿床中铀矿化与有机质的关系。大新铀矿床矿体中富含有机质、黄铁矿，是典型的碳硅泥岩型矿床。据前人研究可知，与铀矿化关系最为密切的有机质为腐植酸，腐植酸与铀酰存在着强烈的吸附与络合关系。腐植酸大多是腐植型有机质未成熟前的产物。腐殖质在铀富集过程中主要起到吸附、络合和还原作用。实际上，有机质与铀矿化的关系是一个十分复杂的问题，本书初步开展了这方面的讨论，借此了解有机质在大新铀矿化过程中所起的作用，为建立大新铀矿成矿机理提供依据。

5.4.1　样品选取及分析

样品采集以富矿层为主，同时采取围岩样，所采集样品中围岩样为 Dx17-5(唐家湾组)、Dx07(郁江组)、Dx09-2(寒武系)，其余均为矿床内的样品。其中 Dx18-10、Dx20-2K、Dx20-2C、Dx20-2F 为唐家湾组断层(Fd)内样品，Dx18-16、Dx20-31、Dx20-32、Dx20-33、Dx20-12、Dx20-29、Dx20-38 为郁江组断层(Fy)内样品。铀含量测试仪器为等离子体质谱分析仪，温度 20 ℃，相对湿度 30%。岩石热解、氯仿沥青"A"、镜质体放射率、氯仿沥青"A"族组分由任丘市华北石油邦达新技术有限公司完成。岩石热解检测依据 GB/T 18602—2001《中华人民共和国国家标准》，使用仪器为油气显示评价仪；氯仿沥青"A"检测依据为 SY/T 5118—1995，《岩石中氯仿沥青的测定脂肪抽提器法》，检测设备为脂肪抽提器、AC210S 电子天平；族组分定量测试仪器主要是层析柱、AC210S 电子天平、FLC/FID 棒色谱仪，检测温度 25 ℃，湿度为 40%。

5.4.2　有机质类型及成熟度

1. 有机质类型

不同沉积环境中，有不同来源有机质形成的干酪根，其组成有明显的差别。不同类型的有机质其富铀能力和机制各不相同。根据干酪根元素组成、氯仿沥青"A"的族组成(表 5-10)、化学结构、显微组分、沉积环境和演化程度，结合生油能力，本节划分出三种类型的干酪根，即腐泥型干酪根Ⅰ、腐泥-腐殖质干酪根Ⅱ和腐植型干酪根Ⅲ，腐泥-腐植型干酪根又划分为两个亚类Ⅱ$_1$和Ⅱ$_2$型。

依据氯仿沥青"A"族组分特征，研究区的有机质类型主要为Ⅱ$_2$型(图 5-61)。有机质主要为海相浮游生物、微生物以及陆地植物的输入。本研究区的有机质处于未成熟、低成熟阶段(见成熟度研究)及其偏腐殖质的性质决定了其演化阶段产生大量的腐殖质和地沥青等。腐殖质和地沥青与铀矿化关系密切。腐殖质和地沥青是两类起源和性质不同的有机质，前者是富含纤维素、木质素和树脂的高等植物残体在泥炭化作用过程中产生的暗色、复杂的高分子有机化合物；地沥青石油低级的浮游生物和底栖生物(细菌、藻类和真菌)残体在腐泥化过程中形成的富含氢和碳的有机质。一般来说，腐殖质吸附能力强，富集铀的能力比腐泥质大。例如，美国东部上泥盆统黑色炭质页岩中的腐殖质富铀量比腐泥质大 10 倍。

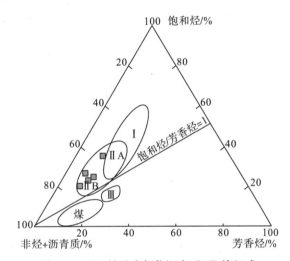

图 5-61　373 铀矿床氯仿沥青"A"族组成

Ⅰ. 标准腐泥型有机质；Ⅱ$_1$. 腐殖腐泥型有机质；Ⅱ$_2$. 腐泥腐植型有机质；Ⅲ. 标准腐植型有机质

表 5-10　矿床中有机质的氯仿沥青"A"族组成

样品	族组成/%			
	饱和烃	芳 烃	非 烃	沥青质
Dx20-2K	22.83	11.57	12.66	52.94
Dx20-2C	20.21	9.08	12.09	58.62
Dx20-2F	24.57	12.87	14.08	48.48
Dx20-31	24.45	12.52	11.94	51.09
Dx20-32	35.11	11.44	11.31	42.14
Dx20-33	26.42	8.28	12.98	52.32

2. 有机质成熟度

有机质成熟度是有机质最为重要的特征之一，具有不可逆性。众所周知，镜质组放射率 Ro 随热解演化程度的升高而稳定增加，并具有相对广泛、稳定的可比性，使 Ro 成为目前应用最为广泛、最为权威的成熟度指标。然而对缺少镜质体的地层，尤其是下古生界海相碳酸盐岩，很难用经过实践证明是可信的源于高等植物碎屑的镜质组反射率来作为成熟度指标。事实证明，测量样品中很少见到镜质组，仅测得两个沥青放射率 R_b。因此作者主要通过岩石最高热解峰温（T_{max}）对矿区的有机质成熟度进行研究。结果显示，该区有机质主要为未成熟，少量低成熟。

T_{max} 是由 Rock—Eval 热解仪分析所得到的 S_2 峰的峰顶温度，由于有机质在埋藏过程中随着热应力的升高逐步生烃时，活化能较低，容易成烃的部分往往更多地被优先裂解。因此，随着成熟度的升高，残余有机质成烃的活化能越来越高，相应的，生烃所需的温度也逐渐升高，即 T_{max} 逐渐升高。这是 T_{max} 作为成熟度指标的基础（表 5-11），所以，T_{max} 比 R_o 对于热事件更敏感（王铁冠等，1998）。

研究区的 T_{max}（表 5-12）普遍在 435 ℃ 以下，最低为 358 ℃，最高为 435 ℃，平均温度为 407 ℃。根据陆相烃源岩有机质成烃演化阶段划分及判别指标（SY/T5735—1995），本区的有机质普遍为未成熟，低成熟的早期阶段。矿体的成熟度特征决定其演化历史中产生了大量腐植酸并保存在地层中，这为腐植酸吸附、络合 U 提供了有利条件。然而矿体中的 T_{max} 平均为 414 ℃ 高于围岩 T_{max} 381 ℃。可以看出，矿体受热液和断层影响经历了比围岩较高的古地温。

表 5-11　有机质成烃演化阶段划分及判别指标

演化阶段	T_{max}/℃	古地温/℃
未成熟	<435	>50~60
低成熟	435~440	>60~90
成熟	>440~450	>90~150
高成熟	>450~580	>150~200
过成熟	>580	>200

表 5-12　岩石最大热解峰温与相应的 U 含量

样品编号	Dx17-5（围岩）	Dx07（围岩）	Dx09-2（围岩）	Dx18-10（矿化）	Dx18-16（矿石）	Dx20-2K（矿石）	Dx20-2C（矿石）
U/(×10⁻⁶)	19.4	5.94	14.9	79.2	592	1414	7511
T_{max}/(℃)	422	362	358	411	371	381	435
样品编号	Dx20-2F（矿石）	Dx20-31（矿化）	Dx20-32（矿化）	Dx20-33（矿石）	Dx20-12（矿化）	Dx20-29（矿石）	Dx20-38（围岩）
U/(×10⁻⁶)	552	38.5	159	420	74.4	389	4.47
T_{max}/(℃)	428	429	424	404	421	415	435

5.4.3　有机质与铀矿化关系

1. 矿体中有机质与铀含量的相关性

矿体主要位于富含有机质、黄铁矿的断层中，但根据铀与有机碳、氯仿沥青 "A"、氯仿沥青 "A" 族组分含量的相关性计算发现，大新铀矿床中 U 含量与总有机碳含量之间并无明显的相关性，这和野外观察发现的情况相吻合，铀含量高的岩石，有机碳含量一般较高，但有机碳含量高的地方，铀含量并不是都高。例如砂岩型矿床中的典型相关系数变化范围为 $r=0.01$(Wood，1996)和 $r=0.25$(Landais，1996)。然而，当 U 的含量高达 500×10^{-6} 时 r 会很高($r=0.7$，很少有矿床的相关系数到 0.7)。Pironon(1986)指出，U 和有机质的统计关系取决于研究水平以及 U 和有机质在沉积岩中的分布情况。而且，与矿化有关的有机质的变化可能引起 C 的流失，这样也就降低了 U 与总有机碳的相关性。

然而铀含量却与氯仿沥青"A"(表 5-13)、氯仿沥青"A"族组分中的沥青质之间有好的相关性。铀含量与氯仿沥青"A"相关性高(图 5-62)，且相关系数为 $r=0.87$，主要是因为氯仿沥青"A"相对于干酪根具有较强的活动性，其吸附、络合的 U 易于随流体迁移富集成矿，从而导致氯仿沥青"A"含量高的地方 U 含量也高。铀含量主要与氯仿沥青"A"族组分中的沥青质具有较好的相关性(图 5-63)，这是因为沥青质中高分子化合物含量高，具较大的相对分子质量，其表面积大，因此对 U 的吸附性很高，因此沥青质含量高的样品 U 含量也较多。

表 5-13   矿床中氯仿沥青"A"含量与 U 含量

样品	氯仿沥青"A"含量/($\times 10^{-6}$)	铀含量/($\times 10^{-6}$)
Dx20-2K	0.62	1414
Dx20-2C	10.12	7511
Dx20-2F	0.85	552
Dx20-31	0.47	38.5
Dx20-32	1.14	159
Dx20-33	4.47	420
Dx20-12	2.19	74.4
Dx20-29	3.31	389

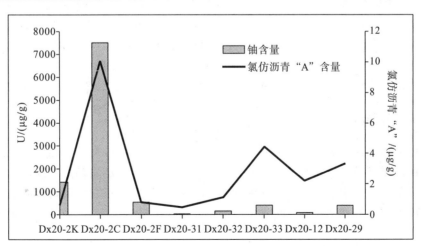

图 5-62   铀含量与氯仿沥青"A"的变化关系

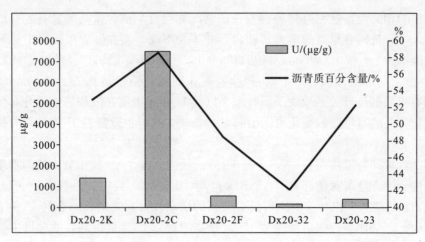

图 5-63 沥青质在氯仿沥青"A"中的百分比与铀含量的关系

2. 有机质在铀成矿中的作用

矿区的有机质为 II_2 型有机质以及其未成熟特征决定其演化过程中会产生大量的腐植酸和地沥青等。在表生氧化条件下，腐植酸很容易与无机配位体竞争而与 U 形成络合物，因而增加 U 的溶解度。前人研究了麻布岗地区水中铀和腐植酸的相互关系，发现当水中腐植酸含量由 0.66 mg/l 增加到 6.6mg/l 时，水中铀含量由 1.0×10^{-7} g/l 增加到 9.25×10^{-5} g/l(史维浚，1989)。在弱酸性-中性水条件下，腐植酸铀酰是水中铀的主要存在迁移形式。大新铀矿床在大气降水的淋滤下腐植酸盐随着流体一起运移至储矿空间，在合适的地方富集成矿。

有机质进一步分解、重组，并产生 H_2、CH_4 等还原性气体。此时发生的一个重要的反应就是 CH_4 等还原性气体在厌氧细菌的作用下与地下水中的 SO_4^{2-} 反应，生成大量的 H_2S 气体，造成一种缺氧富含硫化氢的强还原环境，具体反应的化学方程式为

$$CH_4 + SO_4^{2-} \rightarrow H_2S + CO_3^{2-} + H_2O$$

此外，有一部分 H_2S 气体可能来源于有机质的分解。水体中的亲硫元素形成不溶的硫化物沉淀，同时造成高价铀被还原为低价铀而沉淀。随着地下热液的不断输入，在有机质造成的氧化还原过渡带造成铀等元素的富集。Fe^{3+} 在这一过程中被首先还原，然后与 H_2S 气体反应生成黄铁矿，造成了大新铀矿床中有机质、黄铁矿、铀矿化共生的现象。

综合研究，表明有机质在大新铀成矿过程中主要起到吸附、络合和还原作用。

5.4.4 小结

大新铀矿床有机质类型为 II_2 型，有机质成熟度较低，处于未成熟—低成熟早期阶段，有机质的类型及其成熟度决定其在演化过程中产生了大量腐植酸、地沥青等并保存在地层中。并且矿体中的有机质受热液和断层影响经历了比围岩较高的古地温。

矿床中的氯仿沥青"A"中以沥青质占优势，铀含量与氯仿沥青"A"以及沥青质具有较好的正相关性。

矿床中有机质对铀的富集作用主要是通过腐植酸的吸附、络合铀，并随着流体迁移富集成矿，并有部分有机质还原地下热液中的铀，使之叠加富集成矿。

第6章　大新地区铀矿成矿模式及找矿方向

6.1　铀成矿模式

6.1.1　大新地区铀成矿条件

1.铀源条件

通过前面研究认为，铀主要来自于地层，因为地层中铀的含量普遍高于地壳丰度。其中寒武系地层中铀的含量最高，是铀的主要来源，其次为泥盆系地层。通过实验还发现，寒武系地层铀的浸出量和浸出率均较泥盆系要高，因此，寒武系是主要的铀源层，其次是泥盆系。

研究发现，包括铀在内的一部分成矿物质部分来源于深部。矿石样品中微量元素 U、Ni、Mo、Cd、Re、Tl 含量增加最为明显，达数十甚至数百倍。这些元素属于矿化热液活动元素，其元素组合反映了成矿流体的特征，而且 U 与 Mo 具有同源性。矿石样品中主要成矿元素 U 以及 Li、Be、Co、Ni、Cu、Zn、Y、Mo、Cd、Re、Pb 的变异系数均大于1。与围岩样相比，矿石样中 Li、Be、Co、Ni、Cu、Zn、Cd 的变异系数变大，说明这些元素可能与铀成矿关系密切，因此有一部分铀有深部来源特征。

矿区附近中基性岩中铀的含量显著高于地壳丰度值，也远高于一般基性岩的铀含量，因此进一步证明铀可能与深部物质有关。

上述分析说明，大新铀矿中铀主要来源于地层，同时具有深部来源的参与。

2.流体来源

通过研究发现，大新铀矿成矿流体具有地表大气降水和深部热液的混合来源特征。大新铀矿床具有热液成因及深部流体来源的证据，表现在以下几方面：

(1)野外发现了许多硅质体，其铀含量较高，而该硅质体呈透镜状，规模大小不一，大的有 2~3 m 厚，5~6 m 长，小的仅数十厘米；同时在现场可以发现多期方解石脉体的相互穿插；

(2)在镜下发现，大新铀矿床中的岩石中有火山碎屑和千枚岩碎屑，表明曾有岩浆活动(或火山活动)的迹象，同时表明该含矿构造活动性较大，并且规模大；

(3)有多期热液活动迹象；

(4)从微量元素分析结果来看，大新铀矿床 Ni、As、Mo、Zn、Cd、Co 等元素的含量显著较高，高出地壳丰度值十余倍到数百倍，Sb 的富集系数达到 4630 倍，而且要高于围岩；

(5)矿区附近的辉绿岩脉无论从微量元素组成还是形成年龄，均与铀矿化有显著的关系，表明岩浆活动对大新铀矿形成起到了重要的作用。

3. 热源条件

矿区的热源条件为燕山期岩浆活动及构造活动。

4. 控矿因素

前期的研究发现，大新矿床控矿因素较为复杂，主要受构造、地层岩性、岩溶、岩浆活动、有机质等因素控制。

(1)构造因素。现已基本查明，大新矿床主要受构造控制，在矿区以 F_2 断层为界，主要矿体都在 F_2 断层之上次级断层 F_3 中，同时，目前已经发现的矿体均在 F_1 断层之下。也就是说，大新矿床在构造上严格受 F_2 和 F_1 断裂夹持带的控制。F_2 和 F_1 是矿区主要边界，F_3 断层是矿区主要矿体赋存部位。在野外调查中，发现含矿与构造密切相关，凡是 F_3 通过的地方，无论是郁江组碎屑岩还是唐家湾组灰岩都有矿化存在，而且由于构造活动影响，唐家湾组底部白云质灰岩中夹杂有郁江组碎屑岩的角砾，同时郁江组顶部碎屑岩角砾中亦有灰岩角砾。巴江等矿点则是受层间破碎带控制。

此外，泥盆系与寒武系不整合面也对成矿起到了一定的作用。由于不整合面的存在，产生了一个薄弱面，如果该不整合面经过后期改造运动，形成断层，则更有利于成矿。不整合面所起的作用主要为流体的运移通道，大气降水及深部热液沿该通道运移，在流体运移过程中发生水-岩反应，将地层中的铀淋滤出来，在次级破碎带富集成矿。

李治兴等(2011)对大新铀矿床进行了构造方面的详细研究，认为：通过构造破碎带实测剖面微量元素变化特征的研究表明，在大新矿床的构造破碎带体系中，不同层位的原岩均具有低质量分数的 U、Mo、Sb 和 Re，不同层位的碎裂岩具有略高于原岩的微量元素特征，糜棱岩具有 U、Mo、Sb 和 Re 质量分数较高的特征，不同层位的构造角砾岩具有矿化程度较高的 U、Mo、Sb 和 Re。依据不同类型构造岩的微量元素地球化学变化，按构造破碎强度和矿化程度将矿区构造破碎带进行构造地球化学分带，原岩带、碎裂岩带、构造泥、糜棱岩带、构造角砾岩带。不同构造带微量元素之间存在很大差异，从原岩带到构造角砾岩带，随着构造岩破碎强度的增加，微量元素 U、Mo、Sb 和 Re 等矿化元素呈明显的同步增高趋势，Co、Cu、Pb、Zn 和 W 等微量元素有对应增高倾向，其含量和构造角砾岩带中的含量持平甚至略高(图 6-1)，构造泥中，U、Mo、Sb 和 Re 偏低是由于在构造泥中这些变价元素在中后期部分淋滤迁移所致。同时，在不同围岩的相同构造岩带(如构造角砾岩带)(Ⅰ)和(Ⅱ)中矿化元素，U、Mo、Sb、Re 和 Tl 均具有明显的富集趋势。这反映出 U、Mo、Sb、Re 和 Tl 等矿化元素的富集对围岩无选择性，只与构造破碎带的存在相关联，而且矿化强度与构造岩破碎程度呈此消彼长关系。

(2)地层岩性因素。地层也是矿床的一个重要因素。结合大新矿床以及外围矿化点的调查发现，该区铀矿主要赋存在唐家湾组底部——郁江组、那高岭组。岩性主要是泥岩、粉砂质泥岩，碎裂碳酸盐岩。远离这个层位基本没有矿化。因此，地层因素不能忽视。

(3)岩溶因素。矿区岩溶发育，可见岩溶角砾岩。岩溶角砾岩实际上是继承构造而成，为后期成矿提供了重要的空间。这是一个次要因素，但对成矿有一定的作用。

闵茂忠等从岩溶角度研究了大新矿床，认为大新矿床是古岩溶作用形成的，古岩溶起了很大的作用(M. Z. Min, 2002)，认为相互连通的岩溶通道和溶洞被紧密的、矿化的碎屑状沉积物所充填，包括砂岩和粉砂岩、碳质泥岩和砾岩。大部分沉积岩分类是从沙到黏土，但是也包括一些寒武系石英砂板岩中粒度粗的、分选中等的、磨圆度由棱角到次圆状、迭瓦状排列的砂砾。沉积岩展现不同的粒级层序和交互层理。层理大致呈水平（图 6-2(a)），与东北部倾斜的石灰岩围岩形成强力的对比，表明古溶洞沉积物沉积作用发生在容矿主岩倾斜作用之后。来自古溶洞顶部的，通常出现在沉积岩中的落石与容矿主岩具有相似的岩性特征。

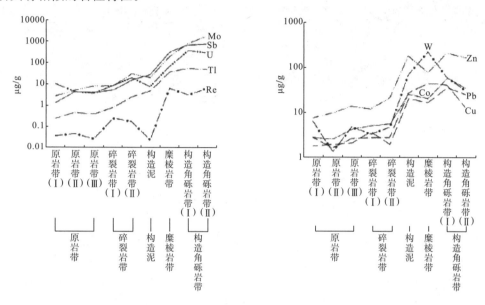

图 6-1　两类元素与构造地球化学带和原岩带的关系(据李治兴，2011)

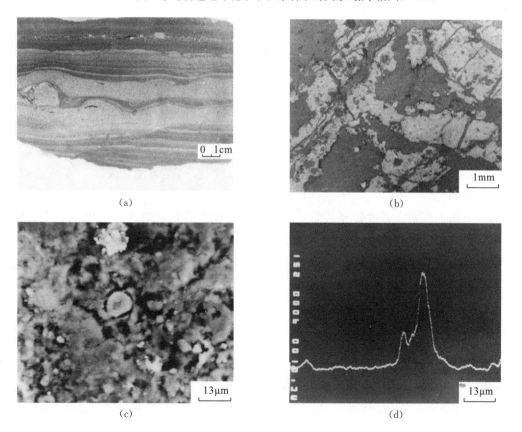

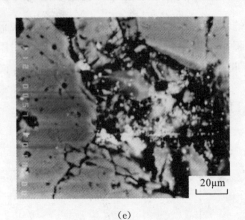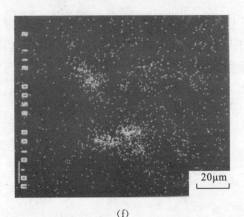

(e)　　　　　　　　　　　　　　　　　　　(f)

图 6-2　大新矿床相关照片(据 M. Z. Min, et al. , 2002)

(a)手标本照片,充填在古洞穴中的水平层状胶状橙色砂岩(灰白色)和灰质泥岩落石,砂岩和泥岩矿化;(b)第Ⅱ阶段成矿形成的沥青油矿脉,暗色矿物是方解石和细粒石英(反射显微照片);(c)泥质基质中第Ⅰ阶段形成的胶状沥青铀矿颗粒(10 mm);(d)与 c 同一视野中第Ⅰ阶段矿石中铀的 X 射线散射曲线;(e)充填于古岩溶中的矿化橙色砂岩中第Ⅰ阶段矿化的背投散射电子图像;(f)与 e 同一视野的铀的 X 射线图

闵茂中研究发现,大部分的矿体位于古岩溶通道和洞穴中,受断层和构造薄弱地带控制。铀矿化发生在灰黑色、富黏土的角砾岩,灰色砂岩和粉砂岩,泥质岩和赋矿岩石的破碎位置,特别是在 345 m 中段出露的一个高约 40 m、直径 80 m 的棱形喀斯特矿体。铀矿化主要受控于砂岩和含有石灰岩屑的粉砂岩,以及棱形古喀斯特矿体中的黑色含碳质泥质岩。位于棱形古喀斯特矿体中的沉积岩同样显示不同的粒级层。矿体呈薄层状,可能表示原始水平层理的替换。这种柱状的喀斯特结构由一系列强烈的喀斯特作用所形成,而且与导致孔隙度和渗透率增强而不断发生破碎和连接的结构极不稳定区域相一致。

尽管如此,本书认为,岩溶起到了容矿作用,真正矿床成因仍为构造-流体活动。

(4)岩浆因素。尽管矿区岩浆活动较弱,但根据野外调查以及室内分析,岩浆活动对该区铀矿成矿有一定的作用。野外调查发现,矿区附近有辉绿岩等中基性岩存在,并且辉绿岩沿北西—南东向展布,与北西向构造一致,具有拉张作用,受岩浆活动影响,流体会沿构造向上运移,在合适的部位成矿。室内研究发现,该区辉绿岩主要形成于 90 Ma 左右,属于燕山晚期,而前人对该区成矿年龄测试结果表明,成矿主要分为两期:120 Ma 和 60 Ma。因此,认为该区铀成矿可能与岩浆活动有关。

(5)有机质因素。经过研究认为,碳硅泥岩型铀矿有机质对矿床的形成有重要的影响。本书专门对有机质与矿化的关系进行了研究,发现大新矿床中有机质对铀的富集作用主要是通过腐植酸的吸附、络合铀,并随着流体迁移富集成矿,并有部分有机质还原地下热液中的铀,使之叠加富集成矿。因此,有机质越高,越有利于成矿。

5.地球物理特征

通过可控源音频大地电磁测深发现,大新矿区有数个较好的低阻体存在,主要断裂也可以确认,同时,新发现了数个断裂。根据物性资料和成矿模型分析,铀矿的富集与构造破碎程度,以及其中富含的黄铁矿、有机炭(质)、黏土等有密切关系,地电特征都表现为低阻,与围岩电阻率相差很大,对于用 CSAMT 进行岩性分界具有地球物理前提,为该区今后的深部勘查工作提供了一定的依据。因此,电法的低阻区是一个重要的条件。

6.1.2　铀成矿模式

（1）独特的大地构造背景：位于背斜构造与不同方向断层的结合部位，要形成大矿，必须有深大断裂存在，成为热液运移通道。

（2）适宜的沉积环境。浅海陆棚环境提供了富含铀、含炭的碳硅泥岩原岩组织。

（3）铀矿化与构造关系密切。分布在两断层锐角夹持范围，铀矿化于大断裂的次级分支断裂中，或者铀矿化产于层间破碎带中。

（4）矿化种类多。U 和 Mo 达到工业品位，有的部位 Mo 甚至比 U 好（矿石中微量元素 U 与 Mo 呈显著的正相关）。

（5）铀与硅化无成因关系、铀与以黄铁矿、胶黄铁矿、金属硫化物为主要内容的黑色蚀变有成因关系，U 与 V、Sr、Mo、Ni 呈较好的正相关，有机质在铀成矿过程中主要起到了吸附、富集的作用。

（6）热液的运载作用。

（7）以淋滤作用为主，兼有热液特点。

（8）岩浆活动。辉绿岩等中基性岩脉，隐伏花岗岩。

大新地区铀矿床成矿模式如图 6-3 所示。

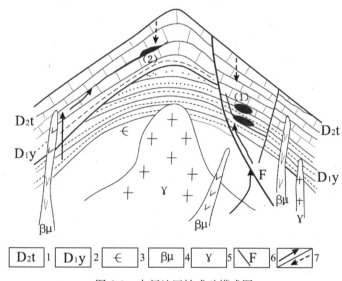

图 6-3　大新地区铀成矿模式图

1. 唐家湾组；2. 郁江组；3. 寒武系；4. 中基性岩；5. 花岗岩；6. 断层；
7. 深部流体/大气降水（1）大新式；（2）巴江式

6.2　大新地区铀矿找矿方向

6.2.1　铀矿化的定位标志

根据野外调查、室内研究，结合前人研究资料，对研究区的铀矿化定位标志进行了深入分析，从岩性特征、构造组合特征、矿化蚀变特征、放射性强度以及地球化学特征等方面，进行归纳总结，作为找矿和成矿有利地段的标志，作为矿床、矿点的定位条件，作为评价某一地段铀成矿找矿方向的判据。

（1）岩性特征方面：碳酸盐岩（灰岩、白云岩）与碎屑岩（泥岩、页岩、粉砂岩及其过渡岩类）的结合部位；构造角砾岩发育地段；岩溶发育，岩溶角砾岩发育，且有构造通过地段。

（2）构造组合方面：近东西向的主干断裂的次级（派生）断裂；近东西向断裂与北西向断裂的夹持部位；泥盆系层间破碎带；构造拐弯的部位；糜棱岩化、碎裂岩化发育地段。

（3）矿化蚀变特征方面：硅化发育地段；矿前期热液蚀变发育，矿后期构造和热液充填微弱的地段；矿期热液重叠充填和交代的地段；黑色蚀变发育地段；碳酸盐化发育地段；多种蚀变复合部位。

（4）放射性物理场方面：γ 趋势面高场（隆起区）及其边缘地带；γ 平均强度晕圈把相对 γ 高场连成一体的地段；电法测量为低电阻区。

（5）地球化学方面：正常岩石铀量特低或特高地段；铀含量变异系数大的地段。

上述定位条件中，若完全具备则为矿床的定位，若基本具备则为矿点的定位，若某些方面具备则为矿化点的定位地段。

6.2.2　铀成矿远景区划分及找矿方向

1. 成矿远景区的分级及划分原则

成矿远景区（预测区）一般按照成矿地质条件的有利程度划分为不同的级别，以确定工作重点及工作任务。

为了便于反映远景区的成矿地质条件有利程度，将远景区划分为三级，其划分原则如下所述。

Ⅰ级远景区：研究程度高，做过系统的地表综合详查和坑、钻深部揭露，矿床定位条件具备或基本具备，已有好的工业矿化，可直接做深部详查或正在工作必须坚持到底的地区。该区内往往有重要的工业矿床、矿点分布，成矿地质条件优越，多种矿化信息集中分布。该远景区内可以考虑布置较大比例尺的综合找矿工作。

Ⅱ级远景区：研究程度较高，地质测量系统，局部做过深部控制性钻孔揭露，某些地段矿床定位条件基本具备或主要方面具备，用于重点普查或深部揭露的地区。该远景区内成矿条件较好，有明显的矿化标志和较多的物化探异常，但未发现工业矿床，或只有少数矿化点。

Ⅲ级远景区：铀矿工作空白区或虽然做过普查，但发现点带密集，未作综合详查，矿床定位条件某些方面具备，用以普查、矿点检查的地区，或者有少量矿化点存在的地区。该远景区往往根据地质类比，具有一定成矿地质条件，但依据不够充分。

2. 研究区铀矿成矿远景区的划分

根据上述岩体工业铀矿化的定位条件和远景区划分原则，经综合分析，大新地区（研究区）铀成矿远景区划分于下（图6-4）。

Ⅰ级远景区。共划分1个一级远景区，为大新矿区外围及深部成矿远景区（Ⅰ₁）。

Ⅱ级远景区。共划分为2个二级远景区，分别为：靖西化峒−雷屯Ⅱ级成矿远景区（Ⅱ₁）、天等巴江Ⅱ级成矿远景区（Ⅱ₂）。

Ⅲ级远景区。共划分为 2 个三级远景区,分别为:钦甲Ⅲ级成矿远景区(Ⅲ₁)、下雷—龙名Ⅲ级成矿远景区(Ⅲ₂)。

3.主要远景区的特征及找矿方向

1)Ⅰ级远景区

大新矿区外围及深部成矿远景区(Ⅰ₁):该远景区处在华南板块南华活动带右江褶皱系西大明山凸起,大新凹断束,那岭—俸屯褶断地垒,以寒武系碎屑岩为核部,南北两侧均为断层相隔与泥盆系接触。该远景区有 1 个中型矿床(大新矿床)及普井屯矿点。该远景区航空伽马强度高,面积大,是整个桂西南地区伽马强度最大的地区,找矿前景很好。

大新矿床位于那岭—俸屯褶断地垒的北部,该矿床虽已闭坑,但根据实际开采情况以及残余矿体,该矿床实际上已经达到了大型矿床的程度。矿床产于寒武系与泥盆系断层接触带之上的下泥盆统碎屑岩与中泥盆统碳酸盐岩接触带的断裂破碎带中,为 F_2 和 F_1 断层夹持,在 F_2 断层拐弯及与 F_1 交汇处矿化最好。该矿床的控矿因素有地层(含碳质碎屑岩、碳酸盐岩接触带)、构造(深大断裂及其次级断裂带)、岩溶(岩溶角砾岩)、岩浆活动(中基性岩、隐伏岩体)。

普井屯矿点位于那岭—俸屯褶断地垒的南端,受岩性、构造、岩浆活动等控制。

该成矿远景区仍有较好的找矿前景,找矿重点应放在大新矿床深部、矿床东段那钦地区以及普井屯地区。应重视寒武系与泥盆系不整合面、深大断裂通过之处、岩浆活动影响较大的地方。

2)Ⅱ级远景区

(1)靖西化峒—雷屯Ⅱ级成矿远景区(Ⅱ₁):该远景区位于大明山铀成矿带、靖西—都阳山凸起。该远景区有雷屯矿点。远景区面积较小。

该远景区的成矿有利条件有:远景区处于伽马较强场区。该区是一个由寒武系为核部、泥盆系为翼部,呈北西—南东走向椭圆型背斜构造,北部和南部各有一条较大的断裂通过,并在南东端相交,形成一个夹持区。核部有一个近南北向的次级断裂与北部大断裂相通。寒武系与泥盆系为不整合接触。该远景区以西约 20km 有钦甲花岗闪长岩体,南部数公里有一基性小岩体。

不利条件:面积较小,伽马强度较弱。

(2)天等巴江Ⅱ级成矿远景区(Ⅱ₂):该远景区位于南华活动带,右江褶皱区灵马凹陷,九十九岭背斜。区内有巴江矿床,该矿床位于背斜的南西倾伏部位。

该远景区的成矿有利条件有:伽马异常高值区,且有三个相对浓集中心,巴江矿床位于北东部浓集中心附近。背斜构造成狭长状沿北东—南西分布,背斜南东翼走向断层发育,背斜中部有一北西向横向断层切穿北东向的走向断层,泥盆系出露,寒武系隐伏地下,呈不整合接触。矿化产于泥盆系层间破碎带中。北西侧基性岩脉、岩枝发育。

不利条件:距深大断裂较远。

该远景区的重点研究地区在远景区的北东和南西端背斜核部靠南东侧断裂发育处。

3)Ⅲ级远景区

(1)钦甲Ⅲ级成矿远景区(Ⅲ₁):位于德保南钦甲地区,靖西—都阳山凸起,为一北北东向的背斜构造,核部地层为寒武系,两翼为泥盆系。北东向断裂发育,并破坏了背斜。

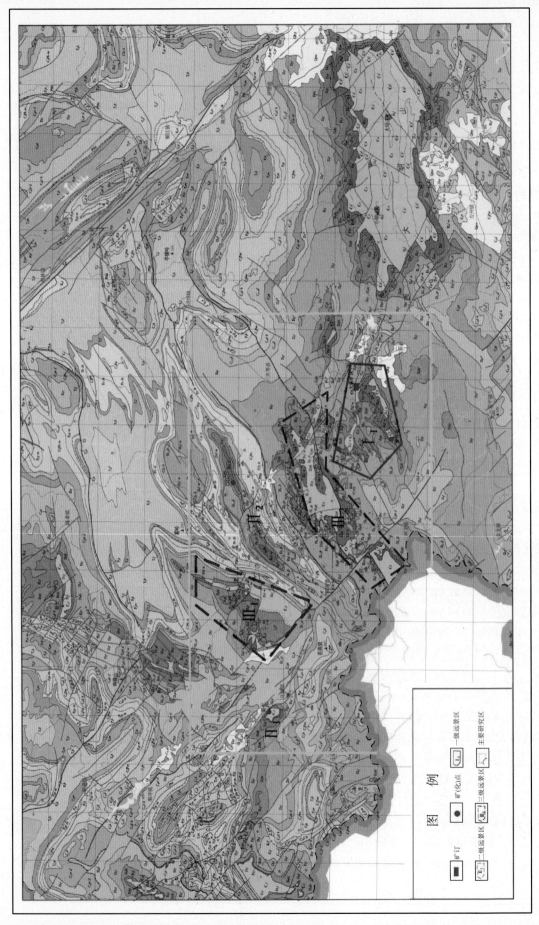

图 6-4　大新地区主要铝成矿远景区分布图（地质部分图图例见图 2-2）

图　例

矿订　■

矿（化）点　●

一级远景区　□Ⅰ□

二级远景区　◇Ⅱ◇

三级远景区　◇Ⅲ◇

主要研究区　◇

北西向断裂错断了北东向断层。南部临近区域深大断裂。南部核部有海西期花岗闪长岩体侵入，花岗闪长岩中产有铜多金属矿。北部有燕山期酸性岩脉产出。

(2)下雷-龙名Ⅲ级成矿远景区(Ⅲ$_2$)：位于华南板块南华活动带右江褶皱系西大明山凸起，大新凹断束西侧，为一背斜构造，核部为寒武系，两翼为泥盆系，寒武系与泥盆系大部分以断层接触，部分为不整合结合接触。北东向断裂发育，并穿过背斜南部。远景区南部靠近下雷，有一北西向的大断裂。该远景区面积较大，工作重点应放在弄巷、坡燕、龙茗一带，背斜的两翼，不整合面及断裂发育地段。

总之，纵观大新地区铀成矿条件，认为该区具有较好的铀成矿潜力，今后找矿重点还是围绕背斜构造、断层、不整合面、岩浆活动等条件进行。同时应注意收集伽马数值资料，地球物理资料，特别是该区是否有隐伏岩体，以及隐伏岩体的深度、类型等资料，这对于找矿有重要的意义。深部找矿是今后的重中之重。

6.2.3　大新矿床找矿建议

综合大新矿床地质地球化学特征及地球物理工作，在矿区建议作如下探索。

(1)在矿区中部(主矿区)进行深部找矿探索。尽管目前有一个深孔未见矿，但综合考虑本矿段的情况，该矿段还是有深部找矿前景的。

(2)在矿区东段进行适当的钻探布置进行探索。有利条件在于：①该区地层与主矿区相似，均为寒武系、郁江组、唐家湾组；②构造较为发育，郁江组与寒武系为断层接触，同时，在唐家湾组中有断层通过，为两组断裂夹持区；③放射性异常明显；④地球物理异常明显。与主矿区比较，不利条件有：①下泥盆统碎屑岩地层厚度过大；②断层规模相对较小；③唐家湾组地层由于断层破坏，厚度较小。

(3)在矿区西段成矿条件较中段和东段要差一些，但仍需要关注。有利条件是：寒武系地层出露较多，泥盆系地层出露齐全；断层发育；地球物理有异常。不利条件是：泥盆系地层受断层影响，中泥盆统厚度太小；断层太过复杂；地形变化大，不利于施工揭露，对后期成矿也有不利影响。

第7章 主要成果与建议

7.1 主要成果

通过对广西大新地区基础地质进行深入研究分析，本书对铀成矿条件进行分析，对铀成矿规律进行了研究，指出今后的找矿方向，取得的主要成果如下所述。

1. 深入研究了大新矿床的地质地球化学特征

在前人研究基础上，通过现场调查，室内综合研究，详细、系统研究了大新矿床的地质地球化学特征。

(1)经过研究发现，大新矿床铀矿化产于 F_2 断层的分支断裂带中，矿区内主要出露寒武系、泥盆系莲花山组、那高岭组、郁江组和唐家湾组岩的岩石。矿床存在多期次热液活动(硅化强烈、多期次脉体发育)，并且在矿床外围的泥盆系发现了少量出露的辉绿岩脉。矿床 F_2 断层，为深部流体运移提供了通道，F_3 断层是储矿构造。

(2)地球化学特征。通过分析大新矿床常量元素样品，并结合野外地质特征，得出铀矿化主要与寒武系砂岩和泥盆系泥岩关系密切。矿石样品中微量元素 U、Ni、Mo、Cd、Re、Tl 含量增加得最为明显，达数十甚至数百倍。这些元素属于矿化热液活动元素，其元素组合反映了成矿流体的特征。

对比寒武系粉砂岩和泥盆系泥岩灰岩含矿样，U 与 Mo、Sb、V、Cd 关系较密切。含矿样中与 U 联系最紧密的是 Cu、Mo、Zn，其次是 V、Ni 元素，Cu、Zn 是亲硫、亲铁元素，U 与这些元素密切相关的事实反映了成矿物质来源较为复杂，既有围岩，又有深部贡献。不同矿化程度样品微量元素含量变化趋势大致相同，随着 U 矿化程度的加强，微量元素含量也有所增加，V、Co、Ni、Cu、Zn、Mo、Sb 元素表现得十分明显，这些元素伴随着 U 的迁移聚集而呈现富集趋势。

随着矿化程度的增加，$\sum$REE 也明显增高，曲线斜率变小，重稀土的含量也显著上升。富矿石样和矿石样表现得尤为明显，强矿化样的重稀土元素含量也高于弱矿化样。无矿样、弱矿化样、强矿化样、矿石、富矿石中 $(La/Yb)_N$ 平均值依次为 8.48、9.62、8.01、5.3、2.46，大致呈现出矿化越强，轻重稀土比值越低的规律，即矿化越强，$\sum$REE 越高，轻重稀土比值越小，重稀土越富集。这一特征与赣浙火山热液铀矿床、澳大利亚派因克里克地槽区的著名的低温热液不整合面型铀矿床的稀土元素地球化学特征相同，是热液铀矿床稀土元素的普遍特征，证明大新铀矿床也可能具热液成因。

2. 对比研究了大新铀矿床与其他铀矿床(点)的异同

首次将大新地区及其外围类似的碳硅泥岩型铀矿床进行了系统的对比研究。

(1)研究区矿床(点)受控于同一地质背景，矿点都受有利层位和构造双重控制，主要分布在背斜两侧和区域断裂的次级断裂带上，含矿层位都是泥盆系或泥盆系与寒武系接触带。但大新铀矿床处于更为有利的构造位置——处于两个大断裂的夹持部位及断层拐弯部位。

（2）从矿体、矿化分布标高来看，巴江矿床的矿体赋存标高在 360～530 m，矿化体赋存标高在 200～550 m。雷屯矿点矿体赋存标高在 490～592 m，矿化赋存标高在 392～700 m。大新矿床矿体赋存标高 140～510 m，主要赋存于 270～430 m。

（3）4 个典型矿床（点）的样品都相对富集 Sc、V、Co、Ni、Cu、Zn、Cd、Cs、W、Th、Mo、Tl、U 和典型热水特征元素 Sb、Ba。围岩样品与矿石样品的微量元素组合规律及其相似，富集系数也比较一致。大新矿床中的 Mo、Sb、Tl 的富集程度明显高于其他矿床。大新矿床中 U 与 Co、Ni、In、Zn、Cu、Mo 相关性较高，存在明显正相关。巴江矿床和普井屯矿点中 U 与各元素的相关性很差。

（4）4 个矿床样品的球粒陨石稀土配分模式图分布曲线均为右倾型，轻稀土相对富集，重稀土则相对亏损，总体比较平缓，LREE 略微右倾，HREE 比较平缓的特征，同时具有明显的负 Eu 异常。

（5）碳氧同位素研究表明，方解石中的碳主要来自于海相碳酸盐岩的溶解作用，碳主要来源于围岩地层。此外，还有少量的深部流体参与。

3. 深入研究了大新矿床的成矿物质来源

经过对大新矿床的研究，并通过铀浸出实验发现，该矿床成矿物质中铀主要来自于围岩，且寒武系是主要的铀源层，泥盆系泥质岩石次之。通过地球化学研究发现，与铀伴生共生的元素在矿石中的地球化学特征与围岩有很大的差异，说明这些元素有部分来自于围岩，但不全是来自围岩，有深部物质来源。

4. 深入研究了大新矿床的成矿流体来源

通过地质学、地球化学、同位素等研究方法与手段，本书分析了岩石、矿石的化学全分析、微量元素、稀土元素，分析了方解石脉的碳氧同位素、黄铁矿的稀有气体同位素。研究发现，研究区的成矿流体是混合流体，既有浅表层的大气降水，又有深部流体的参与。但主要的成矿流体仍为大气降水。

5. 研究了有机质与铀矿成矿的关系

大新铀矿床有机质类型为 Ⅱ$_2$ 型，有机质成熟度较低，处于未成熟—低成熟早期阶段，有机质的类型及其成熟度决定其在演化过程中产生了大量腐植酸、地沥青等并保存在地层中。并且矿体中的有机质受热液和断层影响，经历了比围岩较高的古地温。矿床中的氯仿沥青 "A" 中以沥青质占优势，铀含量与氯仿沥青 "A" 以及沥青质具有较好的正相关性。矿床中有机质对铀的富集作用主要是通过腐植酸的吸附、络合铀，并随着流体迁移富集成矿，并有部分有机质还原地下热液中的铀，使之叠加富集成矿。

6. 系统研究了大新地区中基性岩脉的地质学、地球化学以及年代学特征，首次系统性地阐述了该区经历的岩浆-构造热事件，以及中基性岩脉对铀矿化的关系

从年代学特征来看，中基性岩脉的总体成岩年龄为 90 Ma 左右，也就是岩脉的结晶时间，形成于晚白垩世，由此可知该区基性岩脉的侵入时间早于 90 Ma，同时部分锆石测年结果还反映了中基性岩脉形成后仍经受了多次热事件。大新地区铀矿化形成时间有两期，分别为 60 Ma 和 120 Ma，可见大新地区铀矿化与辉绿岩等中基性岩脉有重要的关系。推测在大新地区的两期铀矿化的形成与辉绿岩等中基性岩脉的侵入有关。早期矿化

(形成于 120 Ma 之前)可能是伴随着地壳拉张、基性岩浆的侵入而形成，晚期矿化(形成于 60 Ma 左右)可能为已经固结成岩的辉绿岩等中基性岩脉经历了喜山早期构造热事件，使得其内所含有的铀物质再次富集，同时为铀矿化提供了物理化学条件的变化界面。

7. 系统总结了研究区的铀成矿规律，分析了铀源、流体来源、热源以及控矿条件

研究认为，铀既有围岩来源，也有岩浆来源，可能还有深部来源，但主要是地层提供，流体为混合流体。热源主要为区域构造作用及隐伏岩浆活动提供。控矿因素包括构造、地层岩性、岩溶、岩浆活动、有机质等因素控制。保矿条件对矿床具有十分重要的意义。

8. 建立了研究区的铀成矿模式

研究发现，高背景的铀含量是成矿的物质基础，构造热事件是成矿的主导因素。早古生代寒武系碎屑岩、晚古生代泥盆系碎屑岩是铀的沉积预富集，形成了铀源层；燕山晚期的岩浆活动以及构造运动导致泥盆系—寒武系不整合面发展成为断裂而导致铀矿的大量形成；喜马拉雅期的构造运动进一步产生了新的铀成矿作用，导致铀矿更为富集。

9. 总结了研究区铀矿化的定位标志，指出了研究区的铀找矿方向

从岩性特征、构造组合特征、矿化蚀变特征、放射性强度、地球物理特征以及地球化学特征等方面，进行归纳总结，作为找矿和成矿有利地段的标志，作为矿床、矿点的定位条件，作为评价岩体某一地段铀成矿找矿方向的判据。本书还划分了 1 个一级远景区、2 个二级远景区，2 个三级远景区。大新地区要找较好的碳硅泥岩型铀矿，需要尽可能满足以下条件：距离泥盆系—寒武系不整合面不远，有大断裂通过，最好是两组断裂的夹持部位，泥盆系下统碎屑岩厚度适中，中泥盆统碳酸盐岩岩溶发育程度适中，附近有岩浆活动，伽玛异常高值区。

7.2 存在问题及建议

1. 存在问题

由于时间及经费的原因，本次研究还存在一些问题，主要表现在以下几方面：①由于大新矿床地表开采已经闭坑，难以采集到更多样品，而且上部矿体已经采完，深部样品无钻孔样品，因此，大新矿床的研究重点仅依据所取得的 320 m 中段样品进行研究，其效果有所影响；②在 320 m 中段采集的方解石样品中，由于当时采场较乱，对方解石的期次分的不是很清楚，影响了研究的深度；③对于大新外围巴江、雷屯等矿点的研究深度有待加强，以期望取得更好的成果，为整个桂西南地区的碳硅泥岩型铀矿找矿提供更好的依据。

2. 建议

(1)对本项目研究中划分为一级远景区的地段要尽快布置项目进行进一步勘查，以期有新的突破，特别是在大新矿床东部那钦地区进行钻孔验证。

(2)要加强巴江、雷屯、普井屯矿点的深入研究工作，并进一步加强与大新矿床的对比。

(3)重视岩浆活动对铀成矿的研究。

主要参考文献

北京铀矿地质研究所. 1982. 碳硅泥岩型铀矿床文集[C]. 北京：原子能出版社：1—156.

毕献武, 胡瑞忠. 1998. 哀牢山金矿带成矿流体稀土元素地球化学[J]. 地质论评, (3)：264—269.

曹豪杰, 黄乐真, 沈渭洲, 等. 2011. 粤北牛岽辉绿岩脉的地球化学特征及其成因研究[J]. 东华理工大学学报(自然科学版), (4)：323—331.

陈迪云. 1993. 稀土元素的某些地球化学行为及对热液铀成矿的指示意义[J]. 铀矿地质, 9(6)：353—356.

陈友良. 2008. 若尔盖地区碳硅泥岩型铀矿床成矿流体成因和成矿模式研究[D]. 成都：成都理工大学博士学位论文：1—123.

邓平, 沈渭洲, 凌洪飞, 等. 2003. 地幔流体与铀成矿作用：以下庄矿田仙石铀矿床为例[J]. 地球化学, (06)：520—528.

丁振举, 姚书振, 刘丛强, 等. 2003. 东沟坝多金属矿床喷流沉积成矿特征的稀土元素地球化学示踪[J]. 岩石学报, (04)：792—798.

董永杰. 1996. 碳硅泥岩型铀矿床铀与有机质关系初探[J]. 中国地质, 19(4)：378—381.

方适宜. 1995. 大陆走滑断裂与铀成矿作用——以湘东及邻区为例[Z]. 石家庄：中国核学会铀矿地质分会第四次代表大会论文集：1—18.

方适宜. 1995. 中国南方碳硅泥岩型铀矿床成矿地球动力学背景及找矿模式[J]. 矿物岩石地球化学通讯, 2(1)：136—138.

甘肃省地质局. 1973. 中华人民共和国区域地质测量报告(1：200000, 碌曲幅)[R]. 甘肃省地质局第一区域测量大队.

甘肃省地质矿产局. 1989. 甘肃省区域地质志[M]. 北京：地质出版社.

广西三〇五核地质大队. 2003. 大新铀矿床储量报告[R]. 广西柳州：广西305核地质大队.

韩吟文, 马振东. 2003. 地球化学[M]. 北京：地质出版社.

何明友, 金景福. 1992. 若尔盖铀矿床含矿热液性质的热力学研究[J]. 矿物学报, 17(1)：30—36.

何明友. 1994. 若尔盖铀成矿带构造岩浆活化成因模式[D]. 成都：成都理工学院博士学位论文：1—140.

何明友, 金景福. 1996. 若尔盖铀矿床同位素组成与$\sum CO_2$来源[J]. 矿物学报, 19(1)：9—25.

侯可军, 李延河, 田有荣. 2009. LA-MC-ICP-MS 锆石微区原位 U-Pb 定年技术[J]. 矿床地质, 28(4)：481—492.

胡瑞忠, 李朝阳, 倪师军, 等. 1993. 华南花岗岩型铀矿床成矿热液中$\sum CO_2$来源研究[J]. 中国科学(B辑化学生命科学地学), (2)：189—196.

黄宏业, 肖建军, 欧阳平宁, 等. 2009. 基于多元统计的微量元素地球化学特征分析——以广西资源县向阳坪地区构造蚀变岩型铀矿为例[J]. 地质找矿论丛, 24(3)：211—216.

黄净白, 黄世杰. 2005. 中国铀资源区域成矿特征[J]. 铀矿地质, 21(3)：129—138.

黄世杰. 2006. 略谈深源铀成矿与深部找矿问题[J]. 铀矿地质, 22(2)：70—75.

黄展裕. 2010. 诸广山岩体南部铀矿床某些元素的分布特征及其与铀矿体的关系[J]. 内蒙古石油化工, (9)：21—22.

季洪芳, 钱法荣. 1982. 某地区震旦—寒武纪地层中的铀矿化及其特征[J]. 放射性地质, (1): 10-19.

季克俭, 吕风翔. 2007. 交代热液成矿学说[M]. 北京: 地质出版社.

姜耀辉, 蒋少涌, 凌洪飞. 2004. 地幔流体与铀成矿作用[J]. 地学前缘, (02): 491-499.

金景福, 倪师军, 胡瑞忠. 1992. 302铀矿床热液脉体的垂直分带及其成因探讨[J]. 矿床地质, 11(3): 253-257.

金景福, 何明友, 王德荫, 等. 1994. 若尔盖地区隐伏富铀矿床成矿规律及其找矿预测准则研究[R]. 成都: 成都理工学院.

黎彤, 梅孜文. 1990. 华北三重构造层的沉积演变和岩石化学特征[J]. 大地构造与成矿学, (4): 275-282.

李靖辉. 2008. 河南省碳硅泥岩型铀矿床地质特征[J]. 东华理工大学学报(自然科学版), 31(2): 121-126.

李巨初, 陈友良, 张成江. 2009. 铀矿地质与勘查简明教程[M]. 成都: 成都理工大学.

李顺初. 2001. 碳硅泥岩型铀矿找矿回顾与展望[C]. 中国核工业地质局: 77-85.

李治兴, 漆富成, 何中波, 等. 2011. 大新铀矿床构造地球化学分带及铀多金属成矿规律研究[J]. 世界核地质科学, 28(1): 6-12.

李治兴, 漆富成, 何中波, 等. 2011. 大新铀矿床稀土元素地球化学特征成矿机理[J]. 铀矿地质, 27(3): 152-159.

李子颖, 李秀珍, 林锦荣. 1999. 试论华南中新生代地幔柱构造、铀成矿作用及其找矿方向[J]. 铀矿地质, (01): 10-18.

李子颖. 2006. 华南热点铀成矿作用[J]. 铀矿地质, (02): 65-69.

刘丛强, 苏根利, 李和平, 等. 2001. 地幔流体作用——地幔捕虏体中流体包裹体的研究[J]. 地学前缘, (03): 83-93.

刘丛强, 黄智龙. 2004. 地幔流体及其成矿作用[M]. 北京: 地质出版社.

刘峰, 方方, 施泽明, 等. 2005. 地球化学信息采集与数据处理[M]. 成都: 成都理工大学.

刘国奇, 夏菲, 潘家永, 等. 2011 基于多元统计的相山铀矿田微量元素地球化学特征分[J]. 矿物岩石地球化学通报, 30(4): 423-431.

刘家军, 郑明华. 1993. 热水沉积硅岩的地球化学[J]. 四川地质学报, (02): 110-118.

刘师先. 1983. 114铀矿床地质特征及成矿作用[J]. 矿床地质, (04): 61-68.

卢武长. 1986. 稳定同位素地球化学[M]. 成都: 成都地质学院.

毛景文, 李厚民, 王义天, 等. 2005. 地幔流体参与胶东金矿成矿作用的氢氧碳硫同位素证据[J]. 地质学报, (06): 839-857.

毛裕年, 闵永明. 1989. 西秦岭硅灰泥岩型铀矿[M]. 北京: 地质出版社.

闵茂中, 张祖还, 刘兰忠. 1996. 华南—古岩溶型铀矿床中有机质的热成熟异常及其矿床成因意义[J]. 矿床地质, (01): 64-70.

闵茂中, 王湘云, 沈保培, 等. 1997. 我国最大古岩溶型铀矿床成因的同位素地球化学研究[J]. 沉积学报, (01): 119-123.

倪师军, 曹志敏, 张成江, 等. 1998. 成矿流体活动信息的三个示踪标志研究[J]. 地球学报: 53-56.

倪师军, 藤彦国, 张成江, 等. 1999. 成矿流体活动的地球化学示踪研究综述[J]. 地球科学进展, (4): 33-39.

倪师军, 徐争启, 张成江, 等. 2012. 西南地区黑色岩系铀成矿作用及成因模式探讨[J]. 地球科学进展, (10): 1035-1042.

聂逢君, 周维勋, 管太阳. 2000. 扇三角洲砂体特征及其与可地浸砂岩型铀矿化的关系[J]. 铀矿地质. 16(1): 6-11.

邵飞, 陈晓明, 徐恒力, 等. 2008. 相山铀矿田成矿物质来源探讨[J]. 东华理工大学学报, 31(1): 39

—44.

沈锋. 1989. 中国铀资源特点及找矿方向[J]. 铀矿地质, 5(3)：129—130.

沈渭洲, 凌洪飞, 邓平, 等. 2006. 粤北下庄地区辉绿玢岩地球化学特征及其成因[J]. 云南地质, (4)：439—440.

史维浚. 1989. 铀的水文地球化学循环与生物地球化学循环[J]. 质学院学报, 12(2)：79—86.

四川省地质矿产勘查开发局四〇五队. 1970. 510 矿床—矿段铀储量报告(内部资料)[R].

四川省地质矿产勘查开发局川西北地质大队. 1986. 若尔盖县北部白依背斜北翼铀矿床普查总结报告(内部资料)[R].

四川省地质矿产勘查开发局川西北地质大队. 1987. 四川省若尔盖 513 矿区垭口矿段详查普查地质报告(内部资料)[R].

四川省地质矿产勘查开发局川西北地质大队. 1988. 四川省若尔盖 512—1 矿段 U 矿详查普查地质报告(内部资料)[R].

四川省地质矿产勘查开发局川西北地质大队. 1990. 中华人民共和国区调报告(降扎地区 I—48—62—A、B、C、D 和 I—48—6—A、B、C、D 八个图幅范围, 1：5 万)[R].

王驹. 1991. 碳硅泥岩型金(铀)矿床成矿富集的地球化学[D]. 北京：核工业北京地质研究院.

王清河. 1988. 373 矿床成因新议与找矿[J]. 中国岩溶：36—44.

王铁冠, 包建平, 周玉琦, 等. 1998. 苏北黄桥地区东吴运动热事件的有机地球化学证据[J]. 地质学报, (04)：358—366.

巫建华, 刘帅, 余达淦, 等. 2005. 地幔流体与铀成矿模式[J]. 铀矿地质, (04)：196—203.

吴元保, 郑永飞. 2004. 锆石成因矿物学研究及其对 U-Pb 年龄解释的制约[J]. 科学通报, (16)：1589—1604.

徐夕生, 鲁为敏, 贺振宇. 2007. 佛冈花岗岩基及乌石闪长岩－角闪辉长岩体的形成年龄和起源[J]. 中国科学(D辑：地球科学), (1)：27—38.

徐夕生, 谢昕. 2005. 中国东南部晚中生代—新生代玄武岩与壳幔作用[J]. 高校地质学报, (3)：318—334.

徐争启, 梁军, 程发贵, 等. 2011. 广西大新铀矿床成因的新证据[J]. 矿物学报, 增刊：306—307.

徐争启, 程发贵, 唐纯勇, 等. 2012. 广西大新地区辉绿岩地质地球化学、年代学特征及其意义[J]. 地球科学进展, 27(10)：1080—1086.

薛伟, 薛春纪, 池国祥, 等. 2010. 鄂尔多斯盆地东胜砂岩型铀矿微量和稀土元素地球化学特[J]. 现代地质, 24(4)：777—783.

扬若利, 孙群利. 1982. 铀矿床学[M]. 华东地质学院矿床教研室.

曾天柱. 2002. 碳硅泥岩型铀矿成矿特征、形成机理及找矿前景的讨论[J]. 铀矿地质, 18(1)：46—51.

张成江. 2005. 铀成矿流体地球化学界面[J]. 四川地质学报, 25(2)：86—91.

张成江, 陈友良. 2010. 510—1 铀矿床垂直分带规律的发现及其成因意义[J]. 金属矿产, 46(3)：434—438.

张待时. 1992. 中国晚震旦—古生代海相含铀碳硅泥岩沉积建造及主要含铀层. 铀矿地质[J], 8(1)：46—51.

张待时. 1994. 中国碳硅泥岩型铀矿床成矿规律探讨[J]. 铀矿地质, 10(4)：207—211.

张国全, 胡瑞忠, 商朋强, 等. 2008. 302 铀矿床方解石 C-O 同位素组成与成矿动力学背景研究[J]. 矿物学报, (04)：413—420.

张金带, 徐高中, 林锦荣, 2010. 中国北方 6 种新的砂岩型铀矿对铀资源潜力的提示[J]. 中国地质, 37(5)：1439—1448.

张彦春. 2002. 诸广、贵东花岗岩中碱性地幔流体与铀成矿[J]. 铀矿地质, (04)：210—219.

张振强. 2011. 460 铀矿床地球化学特征及成矿机理探[J]. 辽宁地质, 18(1)：28—33.

赵兵. 1994. 若尔盖铀成矿带地球化学与矿床成因研究[D]. 成都：成都理工学院.

赵凤民. 2009. 中国碳硅泥岩型铀矿地质工作回顾与发展对策[J]. 铀矿地质, 25(2): 91-97.

赵军红, 胡瑞忠, 蒋国豪, 等. 2001. 初论地幔热柱与铀成矿的关系[J]. 大地构造与成矿学, (02): 171-178.

赵振华. 1997. 微量元素地球化学原理[M]. 北京: 科学出版社.

郑永飞, 陈江峰. 2000. 稳定同位素地球化学[M]. 北京: 科技出版社.

周维勋, 郭福生. 2000. 世界铀矿床[M]. 北京: 原子能出版社: 1-19, 187-200.

朱西养, 汪云亮, 王志畅, 等. 2003. 东胜砂岩型铀矿微量元素地球化学特征初探[J]. 地质地球化学, 31(2): 39-44.

Bonatti E, et al. 1976. Hydrothermal pyrite concretions from the Romanche Trench (equatorial Atlantic): metallogenesis in oceanic fracture zones[J]. Earth planet. Sci. Letts, 32(1): 1-10.

Carsten I, Alex N, Halliday, et al. 1996. U-Pb dating of calcite concretions from Cambrian black shales and the Phanerozoic time scale[J]. Earth and Planetary Science Letters, 141: 153-159.

Coveney J R M, Murowchick J M. 1992. Early diagenetic or sedimentary origins of fossiliferous Ni-Mo-Au-Pt deposits in lower cambrian black shales of China[J]. Journal of Geochemical Exploration, 46: 231-233.

Coveney J R M, Nansheng C. 1991. Ni-Mo-PGE-Au-rich ores in Chinese black shales and speculations on possible analogues in the United States [J]. Mineralium Deposita, 26(2): 83-88.

Faure G, Botoman G. 1986. $^{13}C/^{12}C$ ratios in calcite associated with heat-altered coals—Reply[J]. Chemical Geology: Isotope Geoscience Section, 59(0): 335-336.

Gu Z, Wang X, Gu X, et al. 2001. Determination of stability constants for rare earth elements and fulvic acids extracted from different soils[J]. Talanta, 53(6): 1163-1170.

Gülbin G. 2008. Geochemistry of trace elements in Çan coal(MioceNE), Çanakkale, Turkey[J]. International Journal of Coal Geology, 74: 28-40.

Horan M F, Morgan J W, Grauch R I, et al. 2001. Rhenium and osmium isotopes in black shales and Ni-Mo-PGE-rich sulfide layers, Yukon Territory, Canada, and Hunan and Guizhou provinces, China [J]. Geochimica et Cosmochimica Acta, 80(1): 36-40.

Huyck H L O. 1991. When is a mettalliferous black shale not a black shale? In: Metalliferous Black Shales and Related Ore Deposits—Proceedings, 1989 United States Working Group Meeting, International Geological Correlation Project 254[J]. US Geological Survey Circular, 1058: 42-56.

Lee J U, Kim S M, Kim I S, et al. 2005. Microbial removal of uranium in uranium-bearing black shale. Chemosphere, 59: 147-154.

Kröner A, Jaeckel P, Williams I S. 1994. Pb-loss patterns in zircons from a high-grade metamorpHic terrain as revealed by different dating methods: U-Pb and Pb-Pb ages for igneous and metamorpHic zircons from northern Sri Lanka[J]. Precambrian Research, 66(1-4): 151-181.

Landais P. 1996. Organic geochemistry ofsedimentary uranium ore deposits[J]. Ore Geology Review, 11: 33-51.

Liu Y S, Gao S, Hu Z C, et al. 2010. Continental and oceanic crust recycling-induced melt-peridotite interactions in the Trans-North China Orogen: U-Pb dating, Hf isotopes and trace elements in zircons from mantle xenoliths[J]. Journal of Petrology, 51(1-2): 537-571.

Lottermoser B G. 1992. Rare earth elements and hydrothermal ore formation processes[J]. Ore Geology Reviews, 7(1): 25-41.

Ludwig K R. 2001. Squid 1. 02: A User's Manual[M]. California: Berkeley Center Special Publication.

Min M Z et al. 2002. The Saqisan Mine—a paleokarst uranium deposit, South China[J]. Ore Geology

Reviews, 19: 79—93.

Monecke T, Monecke J, Mönch W, et al. 2000. Mathematical analysis of rare earth element patterns of fluorites from the Ehrenfriedersdorf tin deposit, Germany: evidence for a hydrothermal mixing process of lanthanides from two different sources[J]. Mineralogy and Petrology, 70(3): 235.

Nasdala L, Hofmeister W, Norberg N, et al. 2008. Zircon M257-a homogeneous natural reference material for the ion microprobe U-Pb analysis of zircon[J]. Geostandards and Geoanalytical Research, 32 (3): 247—265.

Ohmoto H, Goldhaber M B. 1997. Sulfur and Carbon Isotopes[M]. New York: John Wiley & Sons, Inc. : 517—611.

Ohmoto H. 1972. Systematics of sulfur and carbon isotopes in hydrothermal ore deposits[J]. Economic Geology, 67(5): 551—578.

Orberger B, Vymazalova A, Wagner C, et al. 2007. Biogenic origin of intergrown mo-sulphide-and carbonaceous matter in lower Cambrian black shales(Zunyi Formation, southern China)[J]. Chemical Geology30, 238: 213—231.

Orberger C W, Vymazalová A, Pašava J, et al. 2005. Gallien; Rare metal sequestration and mobility in mineralized black shales from the Zunyi region, South China [J]. Mineral Deposit Research: Meeting the Global Challenge, 86(5): 341—345.

Pironon J. 1986. Zonalites geochimiques et mineralogiques dansles bassins continentaux uraniferes. Exemples de St Hippolyte(Massif Vosgien), Mullenbach(Foret Noire), Salamaniere(Massif Central fran}ais)[J]. Geologie Geochimie MemoireNancy, 13: 296.

Raymond C, Jan P. 2005. Origins of Au-Pt-Pd-bearing Ni-Mo-As—(Zn)deposits hosted by Chinese black shales [J]. Mineral Deposit Research: Meeting the Global Challenge, 25(4): 63—66.

Rollison H R. 1993. Using Geochemical Date: Evaluation, Presentation, Interpretation[M]. Longman Group UK Ltd.

Sláma J, Košler J, Condon D J, et al. 2008. Plešovice zircon—anew natural reference material for U-Pb and Hf isotopic microanalysis[J]. Chemical Geology, 249(1—2): 1—35.

Sun S S, McDonough W F. 1989. Chemical and isotopic systematics of oceanic basalts: implications for mantle composition and processes[C]//Magmatism in the Ocean Basins, London. Geological Society Publ.

Taylor B E, Bucher-Nurminen K. 1986. Oxygen and carbon isotope and cation geochemistry of metasomatic carbonates and fluids—Bergell aureole, Northern Italy[J]. Geochimica et Cosmochimica Acta, 50(6): 1267—1279.

Vine J D, Tourtelot E B. 1970. Geochemistry of black shales: a summary report. Econ. Geol. , 65: 253—272.

Whitney P R, Olmsted J F. 1998. Rare earth element metasomatism in hydrothermal systems: the Willsboro-Lewis wollastonite ores, New York, USA[J]. Geochimica et Cosmochimica Acta, 62(17): 2965—2977.

Wood S A, 1996. The role of humic substances in the transport and fixation of metals of economic interest (Au, Pt, U, V)[J]. Ore Geology Review, (11): 2—6.

Yuri N Z, Vika G E, Al'bina G Z, et al. 2010. Models of the REE distribution in the black shale Bazhenov Formation of the West Siberian marine basin, Russia [J]. Chemie der Erde-Geochemistry, 70(4): 363—376.

附　图

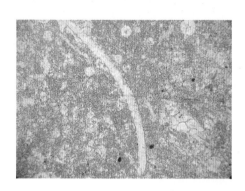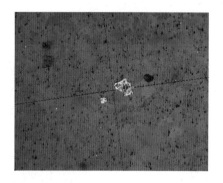

附图 1　DX18-5　含生物屑泥晶灰岩

左：透射单偏光，每小格 0.031 mm；右：星点状分布的黄铁矿，反射单偏光，每小格 0.012 mm

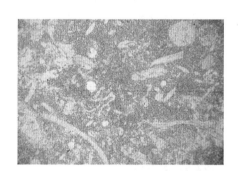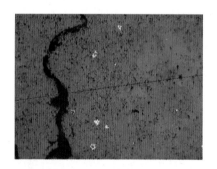

附图 2　DX18-12　生物屑泥晶灰岩

左：透射单偏光，每小格 0.031 mm；右：星点状分布的黄铁矿，反射单偏光，每小格 0.012 mm

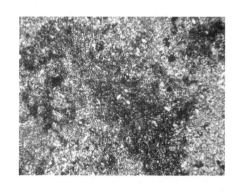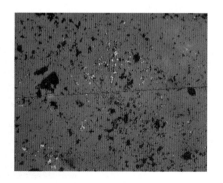

附图 3　DX19　含铁质燧石岩

左：透射正交偏光，每小格 0.031 mm；右：星点状分布的赤铁矿，反射单偏光，小格 0.012 mm

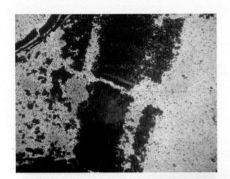
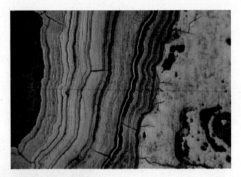

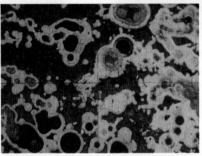

附图 4 DX20-2A 赤铁矿化矿石

左：赤(褐)铁矿孔洞间的三水铝石，透射单偏光，每小格 0.031 mm；右：累带状赤(褐)铁矿，
反射单偏光，每小格 0.012 mm；下：鲕状、藻状赤铁矿，反射单偏光，每小格 0.012 mm

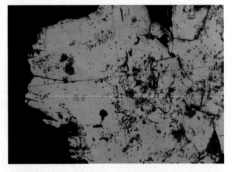

附图 5 DX20-18 绢云母板岩中
的自形-他形毒砂

反射单偏光，每小格 0.012 mm

附图 6 DX20-21 变质细粒长石石英
砂岩中的黄铁矿与毒砂连生

反射单偏光，每小格 0.012 mm

附图 7 DX20-33 变质粉—细粒长石砂岩中的稀疏浸染状分布的他形粒状毒砂

反射单偏光，每小格 0.012 mm

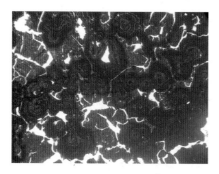
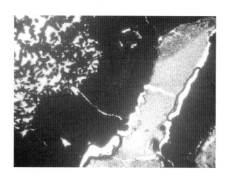

附图 8　DX20-2A 赤铁矿化矿石

左：鲕粒状褐（赤）铁；右：褐（赤）铁矿孔洞之间的三水铝石

透射单偏光　每小格 0.031 mm

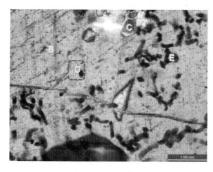

附图 9　大新铀矿床岩石中的多期蚀变现象

左（原脉为方解石，+N×10）：B. 天青石化，C. 硅化，D. 方解石化，E. 蠕绿泥石化；

右（强硅化岩，-N×4）：微晶硅化（A）+粗晶硅化脉（B）+褐铁矿化

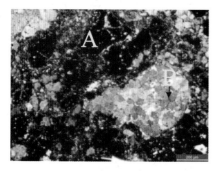

附图 10　多期次的黄铁矿化（左图）和方解石化（右图）

左：铀矿化黄铁矿化角砾状含铁泥白云岩，白云岩角砾+黄铁矿角砾（泥岩黄铁矿化）+N×2，两种黄铁矿化，
　　A. 浸染状黄铁矿，B. 晶间黄铁矿右：粉晶—微晶藻砂屑灰岩，网状方解石脉-N×2，B 晚于 A

附图 11　矿床中的硅化、赤铁矿化　　　　　　　附图 12　矿床中的黑色蚀变

附图 13　矿床中的硅化、赤铁矿化、黑色蚀变

附图 14　KD-10 中的 F_1 处铜铀云母

附图 15　KD-10 中铀矿化与褐铁矿化

附图 16　F_3 断裂构造带形成的断层崖

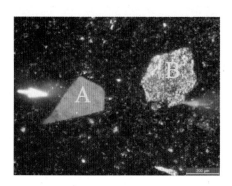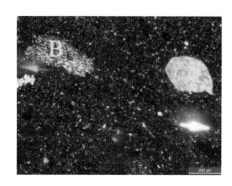

附图 17　大新铀矿床矿区岩石中的火山碎屑

石英晶屑(A)＋千枚岩岩屑(B)，＋N×10

附图 18　Dx02-4(左)、Dx02-5(右)透射正交偏光图像

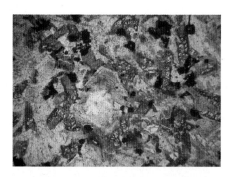

附图 19　D$_X$03 样品的镜下图像

左边：透射单偏光；右边：透射正交偏光

照片 J1201(靖西县雷屯辉绿岩采石场)为辉绿岩。采石场位于靖西县东南。也有观点认为是基性熔岩,其中见黄铁矿呈浸染状脉状及零星分布。

照片 JZK10231-2 为雷屯铀矿点,距地表384.5 m,黄铁矿的单颗粒大小近1.5~2 cm四方体,可能为沉积作用形成的。

照片 JZK10231-5(雷屯铀矿点)为郁江组顶部,泥质岩(灰、深灰黑色)岩石中元素组成及黄铁矿,距地表 223.7 m,该处为该钻孔中放射性最高处。

照片 JZK115-5 为雷屯铀矿点,距地表 233.46~233.6 m,为郁江组地层,灰色-灰白色灰岩,其中见化石腕足类,另见黄铁矿,团块分布,大小小于0.5 cm。

照片 DB1205 为德保铜矿矿石。黄铜矿呈条带状及局部有团状黄铜矿。

附图 20 靖西雷屯铀矿点及德保铜矿点硫化物照片